U0165042

文
景

Horizon

太和殿

周乾 著

上海人民出版社

序

今年是紫禁城建成600周年，也是故宫博物院成立95周年，“故宫学”提出也有17年了。600年来，紫禁城历经风雨沧桑，从曾经的帝王宫殿，转变为今天的文化圣殿。故宫博物院自成立以来，历代故宫人为精心呵护这座城池付出了艰辛的努力，使得今天的紫禁城依然散发出青春的活力。“故宫学”的提出，为更好地保护故宫文化遗产、弘扬优秀传统文化提供了学术支撑。

《太和殿》是一本关于故宫古建筑构造解读的图文书。该书以故宫极具代表性的建筑——太和殿为对象，在作者长期现场调查和研究的基础上，以深入浅出的语言、大量珍贵的图片，对太和殿的基础、柱架、榫卯节点、斗拱、装修、梁架、屋顶、墙体等建筑构造，以及太和殿的历史、陈设、修缮保护等方面进行了较为全面的解读，向读者展示了太和殿丰富的历史文化、精湛的建筑技艺。本书在研究方法、研究内容等方面也有所创新。

本书作者周乾博士就职于故宫博物院故宫学研究所，坚持以故宫古建筑为研究对象，注重结合故宫学的古建筑保护理论，开展明清官式木构古建的建筑构造、建筑文化、建筑艺术相关内容的研究，取得诸多成果，已出版《图说中国古建筑 · 故宫》《紫禁城古建筑营建思想研究》《故宫古建筑中的神兽文化》等专著。

《太和殿》是作者的新成果。本书可帮助读者从建筑方面加深对太和殿的认识，并对明清官式建筑的建筑构造与建筑文化有较为全面、清晰的了解。我向作者祝贺，也向读者热情推荐此书。

郑欣淼

2020年11月25日

郑欣淼：曾任文化部副部长兼故宫博物院院长，现任故宫博物院故宫研究院院长。

目录

第一章

华章

紫禁城（今故宫博物院），位于北京城的中轴线上，是明朝和清朝皇帝执政和生活的场所，也是世界上现存规模最大、建筑等级最高、保持最为完整的木结构古代宫殿建筑群，被誉为中国传统建筑文化之经典。

紫禁城最早由永乐帝朱棣于1420年建成，至今已600年。紫禁城古建筑群占地72万平方米，建筑面积约15万平方米。

明清时期，先后有二十几位皇帝把故宫当作政治权力中心，统治中国近500年。

1912年紫禁城里的最后一位皇帝溥仪宣布逊位，结束了紫禁城在中国历史上的皇帝统治时期。

1925年10月10日，故宫博物院成立，紫禁城由封建皇室居所转变成一座综合性博物馆，也是中国最大的古代文化艺术博物馆。

紫禁城三大殿

紫禁城外朝中轴线上，矗立着三座重要的建筑，由南至北分别为：太和殿、中和殿、保和殿。太和殿俗称金銮殿，为皇帝举行重要仪式的场所。中和殿位于太和殿、保和殿之间，明清两代，皇帝到太和殿参加大型庆典前在此休息准备；在每年春季的先农坛祭典时，皇帝都会先到中和殿阅读写有祭文的祝版，查看亲耕用的农具。保和殿位于中和殿北面，其用途在明清两代有所不同。明朝大典前皇帝常在此更衣；册立皇后、皇太子时，皇帝在此殿受贺。清朝每年除夕、正月十五，皇帝在保和殿赐宴外藩、王公及一二品大臣。清乾隆五十四年（1789）起，保和殿成为殿试的场所。

太和门广场

紫禁城俯瞰

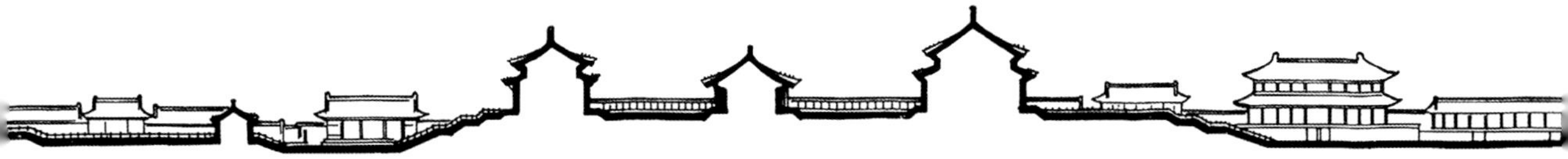

紫禁城中轴线剖视线图（局部）

太和门明梁及天花

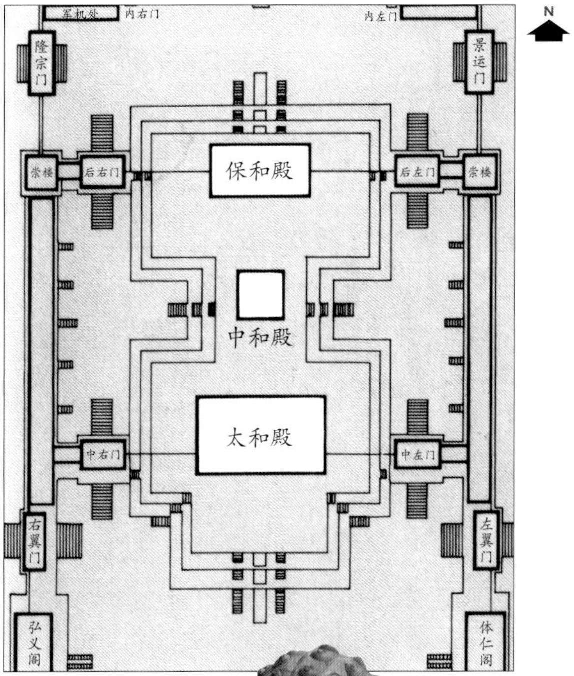

三大殿位置图

从太和门看太和殿

太和门铜狮

三大殿建在同一个基座上

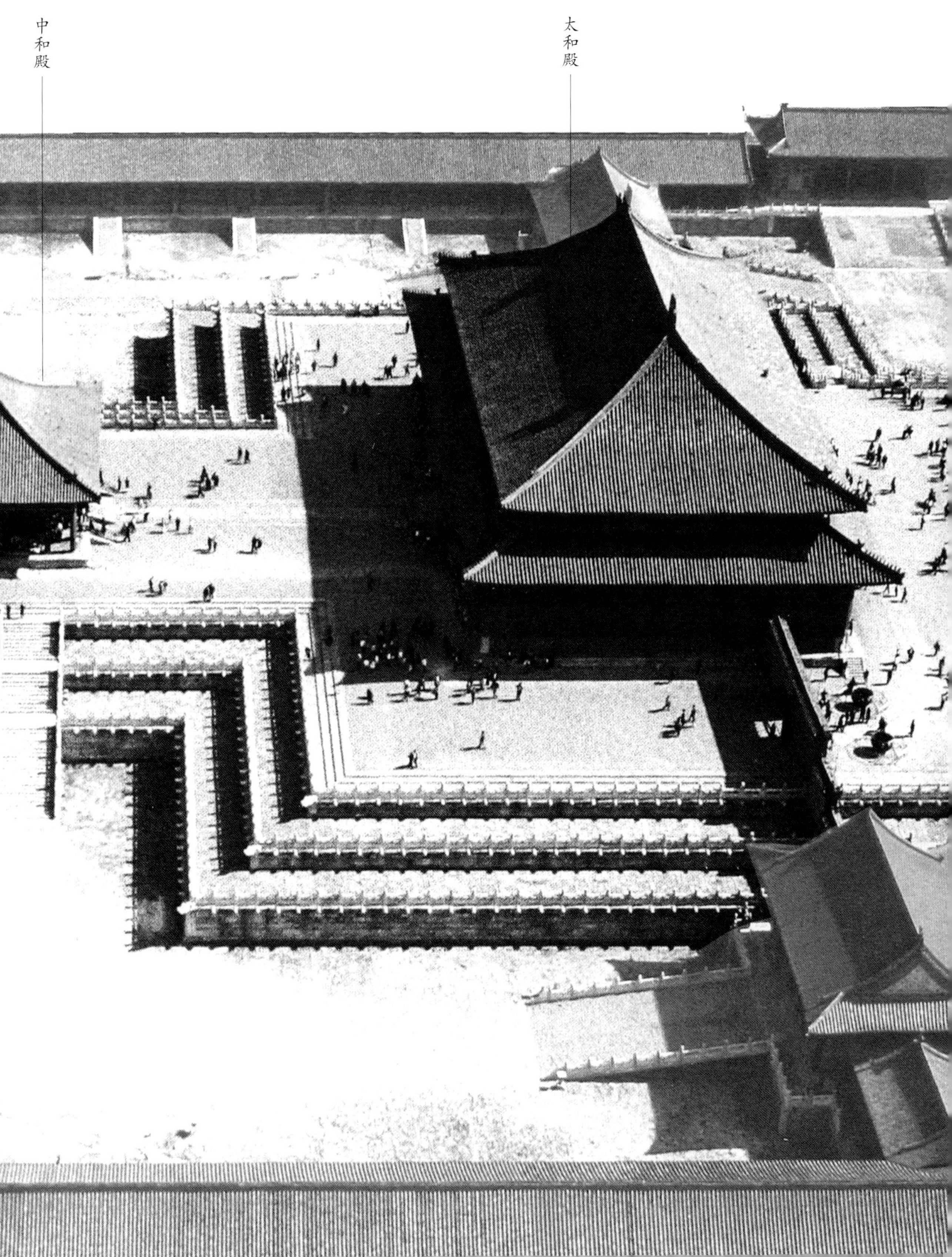
中和殿
太和殿

九五至尊的太和殿

太和殿，是紫禁城内规模最庞大、等级最高、体量最大的建筑，也是中国现存最大的木结构宫殿建筑。

进深（宽度方向）5间

太和殿历史

原为元朝皇宫所在地。

太和殿于明永乐十八年（1420）仿南京故宫奉天殿建成，称奉天殿。

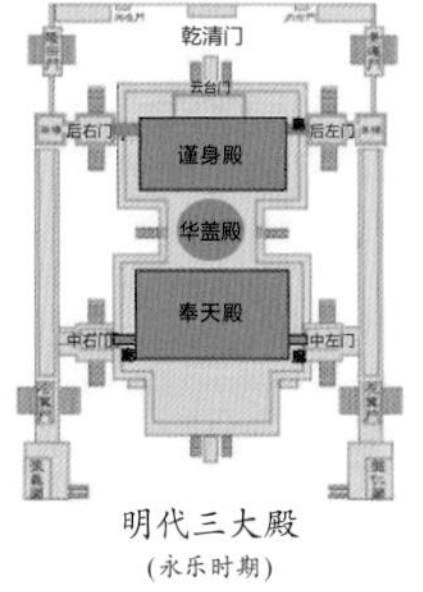

明代三大殿
（永乐时期）

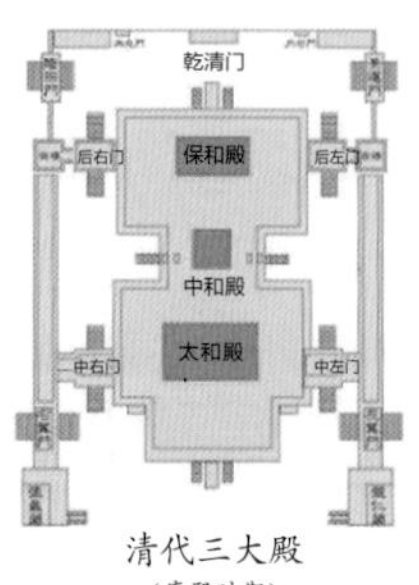

清代三大殿
（康熙时期）

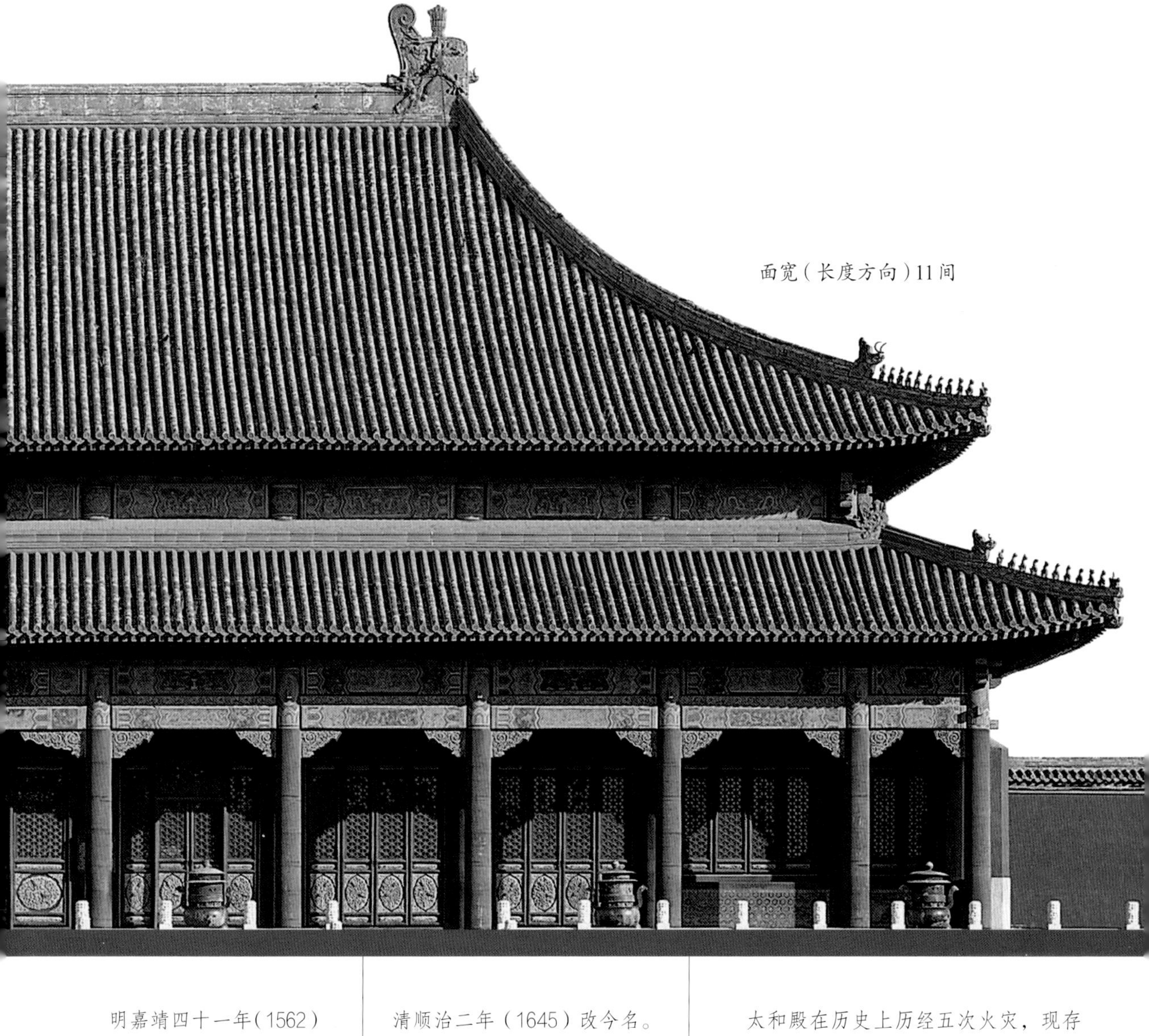

面宽（长度方向）11间

明嘉靖四十一年（1562）改称皇极殿。

清顺治二年（1645）改今名。

太和殿在历史上历经五次火灾，现存建筑为清康熙三十六年（1697）所建。

太和殿外部

太和殿长64米，宽37.2米，高26.92米，连同台基通高35.05米，屋顶形式为建筑等级最高的重檐庑殿顶，屋脊两端安有高3.4米、重约4300公斤的大吻。

排水龙头

香炉

霸下

铜鹤

太和殿之下为高8.13米的三层汉白玉石雕基座，周围环以栏杆。栏杆下安有排水用的石雕龙头，每逢雨季，可见千龙吐水的奇观。殿前有宽阔的平台，俗称月台。月台上陈设日晷、嘉量各一。日晷是古代的计时器，嘉量是古代的标准量器，二者都是皇权的象征。还有铜霸下一对、铜鹤一对，龟、鹤为长寿的象征。有香炉18座。

太和殿月台

嘉量

嘉量是清高宗乾隆九年（1744年）仿王莽时代建国元年（公元9年）的铜制标准量器——新莽嘉量而作。乾隆六年（1741年）以前各地度量衡比较混乱，影响了清皇朝的经济收入，于是乾隆下令将嘉量“列于大庭”，让子孙后代“永保用享”，反映了乾隆皇帝继承古制的决心，同时也象征着国家政权的统一。

太和殿内部

太和殿的明间设九龙金漆宝座，宝座上方天花正中安置形若伞盖向上隆起的藻井。藻井正中雕有蟠卧的巨龙，龙头下探，口衔宝珠。殿内宝座前两侧有四对陈设：甪端、宝象、仙鹤和香亭。甪端是传说中的吉祥动物，宝象象征国家的安定，仙鹤象征长寿，香亭寓意江山稳固。宝座两侧排列6根直径1米的沥粉贴金云龙图案的蟠龙金柱，所贴金箔采用深浅两种颜色，使图案突出鲜明。殿内地面共铺二尺见方的大金砖4718块。

宝座上方悬挂有乾隆帝御题“建极绥猷”匾额。“极”本意为正梁，在这里代指准则，可引申为平衡、中庸之意。“绥”是安定、定抚的意思。“猷”是谋略、法则的意思，在这里指功绩、功业。这四个字表达了乾隆帝建立朝政，君临天下，安抚海内百姓，创万世功业的雄心。

宝座两侧的巨柱上悬挂有金地蓝字楹联：“帝命式于九围，兹惟艰哉，奈何弗敬；天心佑夫一德，永言保之，遹求厥宁。”大意是：上天让皇帝效法成汤治理天下，如此艰难的使命，怎么能够不恭敬、谨慎；上天祐助具有大德的皇帝，让他永坐江山，谋求天下太平。

太和殿宝座台基局部

帝命式于九围，兹惟艰哉，奈何弗敬；天心佑夫一德，永言保之，遹求厥宁。

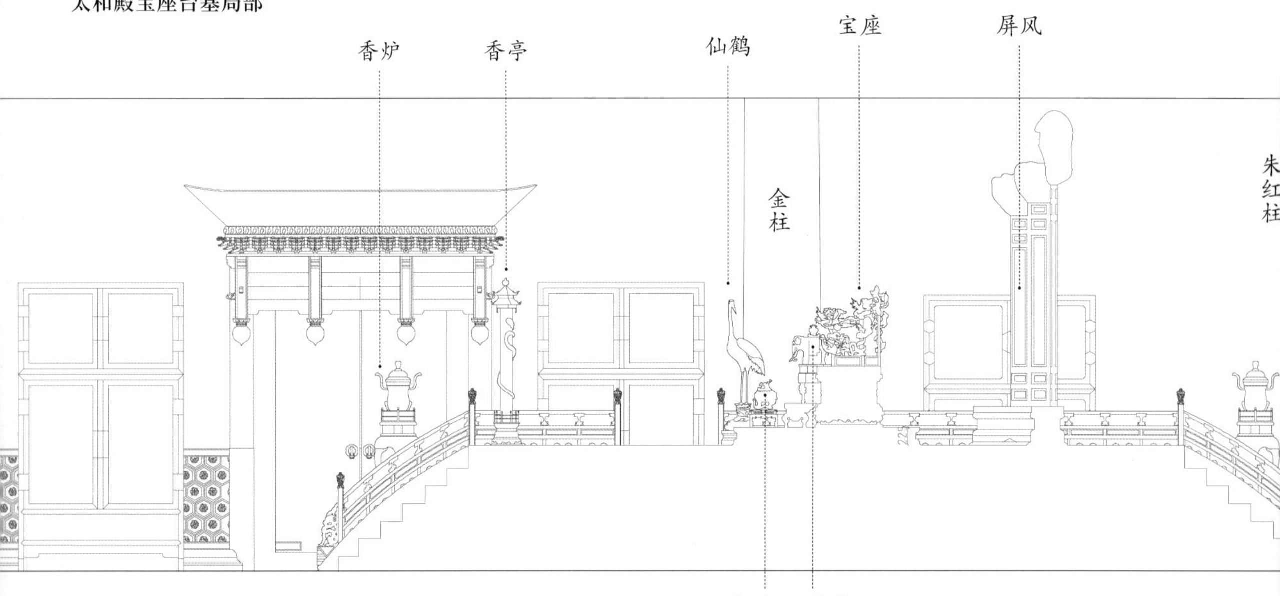

殿内明间侧观平面图

建極綏猷
天心佑夫一德永言
帝命式于九圍茲惟艱

九五至尊

1间房

古建筑领域中，4根柱子围成的空间称为1间房。太和殿在面宽方向有11间房，每个面宽对应5个进深，因此总共有55间房。故宫里面等级高的建筑，一般是面宽9间房、进深5间房，总共45间房，寓意“九五至尊”。

在中国古代儒家文化中，“九五”寓意帝王的权威，“九五至尊”是对古代皇帝的尊称。太和殿以其重要性被称为“九五至尊”的宫殿。

紫禁城中许多建筑物的开间多为9间或5间，惟独太和殿的面宽是11开间，在整个故宫是独一无二的。这是为什么呢？

太和殿在明朝时叫作奉天殿，于明永乐十八年（1420）初建完工时，面宽为9间，进深为5间，符合“九五至尊”规制。然而，太和殿在历史上比较不幸，至少着过五次大火。每次火灾后，皇帝都要安排工匠重建太和殿。而我们今天看到的太和殿，则是第五次重建后的太和殿，其建造负责人为梁九。在材料极其有限的情况下，梁九把太和殿的开间数目做了改动。在建筑总尺寸不变的条件下，开间由原来的9间变成11间。这样一来，很多尺寸较小的楠木就能用上了。而且独特的11开间也凸显出皇帝至高无上的尊贵地位。

神武门外立面　7间房

中国古代把数字分为阳数和阴数，奇数为阳，偶数为阴。阳数中九为最高，五居正中，因而以“九”和“五”象征帝王的权威，称之为“九五至尊”。另一种说法认为“九五”一词来源于《易经》。

太和殿五次大火	第一次： 明永乐十九年（1421） 四月庚子，雷击着火。	第二次： 明嘉靖三十六年（1557） 四月丙中，雷击着火。	第三次： 明万历二十五年（1597） 六月戊寅，雷击着火。

民间传说紫禁城宫殿共有9999间半房屋，这种说法只是一种推测。紫禁城几乎在历朝历代都经历过修建、拆改，其房屋数并没有固定在一个数字。故宫现存房屋9371间。

9999间半房屋的传说，大概来自帝王“九五至尊”的理念。另外，古人认为天帝居住的天宫为10000间房，皇帝身为人间天子，不能超越天帝，故少半间房；而且《易经》里讲究九九之数，认为“满则损”，所以9999间半的说法还来自“不满”的概念。

紫禁城宫殿建筑大量数据都用阳数，大到宫殿的开间数目，如开间为5间、7间、9间、11间不等；小到屋顶小兽数量，如中和殿屋顶小兽数量为7个，保和殿屋顶小兽数量为9个等。

“满”和顶峰都意味着接下去是衰落……

文渊阁外立面

半间房据说指文渊阁西侧楼梯间，由于一侧为楼梯，另一侧为2根柱子，因而被称为“半间房”。文渊阁在建筑布局上一反紫禁城房屋多以奇数为间的惯例，采用了偶数——6间。但为了布局上的美观，西头一间建造得格外小，也有人说这就是那半间房。

乾清宫外立面　9间房

从太和殿看太和门

第四次：
明崇祯十七年（1644）四月十九日晚，李自成放火。

第五次：
清康熙十八年（1679）十二月初三日，六个烧火的太监在御膳房用火不慎，引发火灾。大火由御膳房（在故宫的西北角）向南蔓延，跨过乾清门广场，引燃了三大殿。

大典和卤簿

根据《钦定大清会典》规定：凡是皇帝登基、大婚、生日、冬至、元旦等重大节日，都要在太和殿举行朝贺仪式。在太和殿举行朝贺典礼时，各执事官员和朝拜官员，其位次有着严格的规定，如《太和殿朝贺官员位次图》所示。

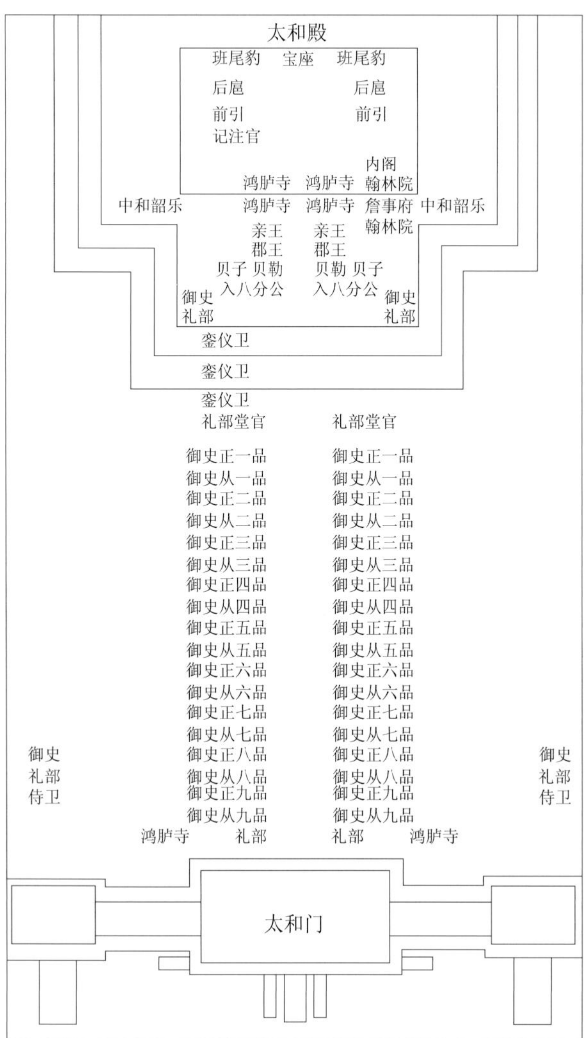

太和殿朝贺官员位次图

丹墀中道左右陈列仗马

内阁官、礼部司官捧金册、金宝站在太和殿丹陛石东西两侧

《光绪大婚图》之《光绪帝亲临太和殿命使奉迎》(局部)

此图为清代庆宽绘制。描绘了光绪十五年(1889)正月二十七日的大婚典礼当天，光绪亲临太和殿阅视金册金宝，命使节持金节奉迎皇后的场景。

銮仪卫设皇上法驾卤簿于太和殿前

乐部和声署设中和韶乐于太和殿东西檐下

大殿两侧则站满鸣赞官、内阁、礼部官员

在太和殿举行朝贺仪式时，广场相应会陈设卤簿仪仗。另外，太和殿广场东西两侧各有一排石头阵，石头间距约1.5米，底部埋入地下，称为仪仗墩，是礼仪队伍的点位。每个官员身边有铜铸朝牌，即品级山，是排班行礼的位标。

伞

皇帝法驾卤簿图（局部）

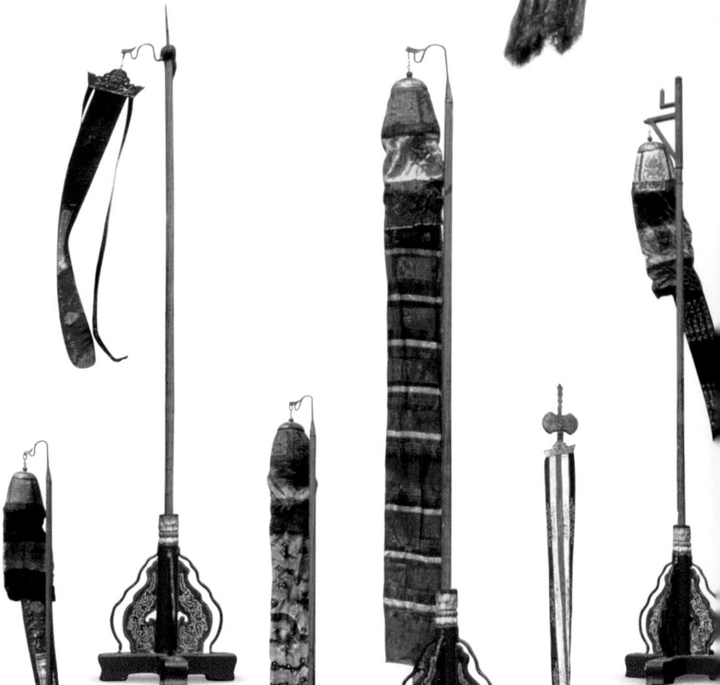

旗、麾

仪仗墩

华盖

兵器

扇

品级山

太和殿的烫样

关于明朝太和殿的设计者，严格来说是两个人，一个是刘基（刘伯温），另一个是永乐帝朱棣。为什么这么说呢？因为北京紫禁城是朱棣于永乐十八年（1420）按照南京故宫的样式翻建过来的，而南京故宫的设计者正是刘基。

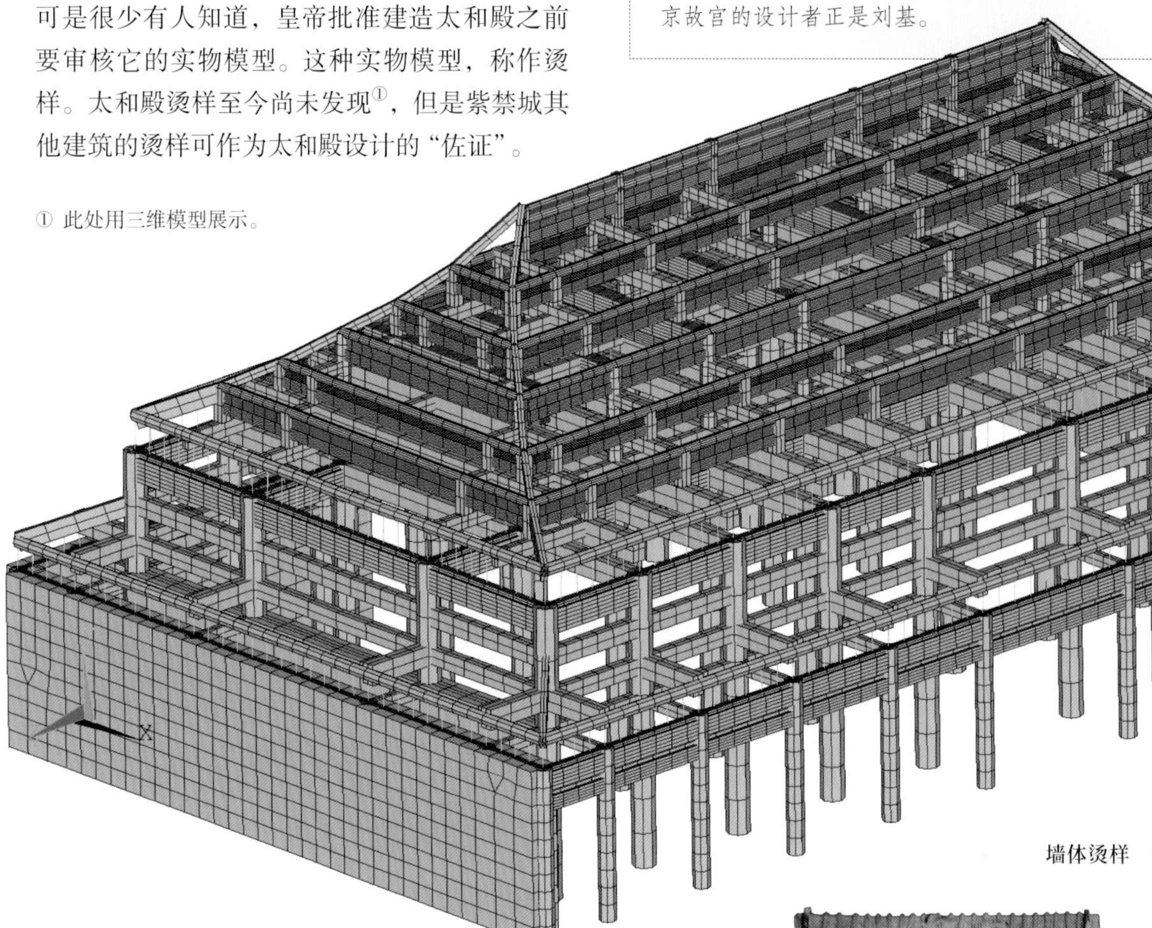

太和殿的建造，是要经过皇帝事先批准的。可是很少有人知道，皇帝批准建造太和殿之前要审核它的实物模型。这种实物模型，称作烫样。太和殿烫样至今尚未发现①，但是紫禁城其他建筑的烫样可作为太和殿设计的“佐证”。

① 此处用三维模型展示。

太和殿结构的三维模型

墙体烫样

屋顶烫样

由于一般建筑平面图无法使皇帝获得建筑造型、内外空间、构造做法等准确信息，因而需要制作烫样来展示拟施工模型的效果。通过向皇帝展示拟建造模型的烫样，可显示出建筑的整体外观、内部构造、装修样式，以便皇帝做出修改、定夺决策。皇帝认可烫样之后，样式房方可依据烫样绘制施工设计画样，编制做法说明，支取工料银两，进而招商承修，开工建设。所以我们认为，太和殿每次复建的设计者为皇帝和指定工程负责人，而太和殿施工的重要设计依据就是烫样。

海澄性堂烫样

烫样 也称“烫胎合牌样”“合牌样”，指古建筑的立体模型。烫样是按照拟建造古建筑制作的模型，一般要对古建筑原型缩小一定的比例。

烫样常有的比例有：五分样（1:200），寸样（1:100），两寸样（1:50），四寸样（1:25），五寸样（1:20）等。

样式房 在清代，出现了制作烫样的皇家机构，即样式房。样式房犹如现在的建筑设计院，主要负责皇家建筑的设计与施工。而在设计的初期阶段，则需制作出建筑烫样，供皇帝参考。紫禁城古建筑烫样最开始由皇家指定的民间工匠制作。

<table>
<tr><th colspan="2">烫样的制作包括：
梁、柱、墙体、屋顶、装修等部分。</th></tr>
<tr><td colspan="2">梁和柱采用秫秸和木头制作。</td></tr>
<tr><td colspan="2">墙体主要用不同类型的纸张用水胶粘合成纸板，然后根据需要进行裁剪。</td></tr>
<tr><td rowspan="3">屋顶制作时</td><td>首先利用黄泥制成胎膜。</td></tr>
<tr><td>然后将不同类型的纸用水胶粘合在胎膜上。</td></tr>
<tr><td>晾干后，成型的纸板即为屋顶形状。</td></tr>
<tr><td colspan="2">装修的制作方法类似于墙体，再在上面绘制图纹或彩画。</td></tr>
</table>

- **材料**
  - 纸张 —— 元书纸、麻呈文纸、高丽纸、东昌纸
  - 秫秸
  - 油蜡
  - 木头 —— 红松、白松
- **工具**
  - 簇刀
  - 剪刀
  - 毛笔
  - 蜡板
  - 水胶 —— 主要用于粘合不同材料
  - 烙铁 —— 主要用于将材料熨烫成型

故宫博物院现藏烫样80余件，涵盖圆明园、万春园、颐和园、北海、中南海、紫禁城、景山、天坛、清东陵等处的实物模型。它们是研究紫禁城建筑历史、文化及工艺的重要资料，亦是部分古建筑修缮或复建的重要参考依据。下几图为故宫博物院现藏部分紫禁城古建筑的烫样。

西苑勤政殿烫样

建筑群模型

明园九洲清晏殿烫样

太和殿大事记

大修中的太和殿

见证明朝的灭亡（1644 年）

明朝崇祯皇帝朱由检在位时（1627－1644），明朝统治已岌岌可危。皇帝与大臣关系恶化，全国饥荒严重，农民纷纷造反闹事。其中，以李自成为主力的陕北农民起义军势力日益壮大，并在西安建立了大顺王朝。1644年春，李自成率百万大军，由西安北上，攻打北京城。守城的大臣们选择了投降。崇祯带着心腹王承恩上吊自杀于景山。李自成在紫禁城武英殿登基。不久，吴三桂率领的大军抵达北京郊外。李自成败退出城。离开紫禁城时，根据牛金星建议，效仿西楚霸王火烧阿房宫放了一把大火，包括太和殿在内，紫禁城70%的建筑被烧毁。我们今天看到的紫禁城古建筑，大部分都是清代复建的。

末代皇帝溥仪太和殿登基（1908 年）

慈禧掌握权力之后，选择溥仪作为清朝皇帝的继承人，以便通过垂帘听政方式来统治国家。1908年冬，年仅两岁的溥仪从京城什刹海北岸的醇亲王府被抱入宫。溥仪入宫第二天，光绪帝于晚6点33分暴毙于瀛台涵元殿。光绪死后不到20小时，慈禧也去世了。1908年12月2日，溥仪登基仪式在太和殿举行。清末进士金梁所写的《光宣小纪》记载，坐在太和殿宝座上的溥仪当时吓得哇哇大哭。旁边是他的父亲载沣，慈禧封的摄政王，着急得满头大汗。载沣拿出了一个小玩具——布老虎，哄着溥仪说，“别哭啦，很快完了”。很多在场的大臣听到了载沣的这番话，认为不吉利，这是暗喻大清快完了。溥仪被小老虎哄得不哭了，这种布老虎在民间被称为“傀儡虎”。这又暗喻清廷以后是傀儡政权。由此可知，太和殿见证了清朝没落时期政权的最后一次更迭。

八国联军在太和殿胡作非为（1900 年）

19世纪末，中国发生了一场以“扶清灭洋”为口号的义和团运动。义和团杀洋人、烧教堂、拆电线、毁铁路等，致美、俄、日多国不满。1900年5月28日，日本、俄国、英国、法国、美国、德国、奥匈帝国、意大利等八国以“保护使馆”的名义，调兵入北京。6月21日，清政府以发布上谕的形式对外“宣战”。8月14日，八国联军攻陷北京，慈禧与光绪仓皇西逃。8月28日，八国联军进入紫禁城，搞了个“国际大检阅”。这些来自八个国家的侵略者，穿着各自不同的军服，吹着不同的号角，奏着不同的乐曲，举着不同花色的国旗，在只有中国皇帝才能走的紫禁城中轴线上缓缓前行，耀武扬威。随着八国联军进入紫禁城的还有外国的使馆人员和记者。他们和联军登上了太和殿的台基，站在太和殿前留影，并在太和殿内为所欲为，看到喜欢的东西顺手牵羊。英国人普特南在《庚子使馆被围记》这么描述：“遇同行者与俄官，个个衣服口袋凸出甚高，面有得意之色。”

袁世凯破坏太和殿的建筑风格(1915 年)

1912年2月12日，袁世凯逼清帝逊位后，溥仪搬到

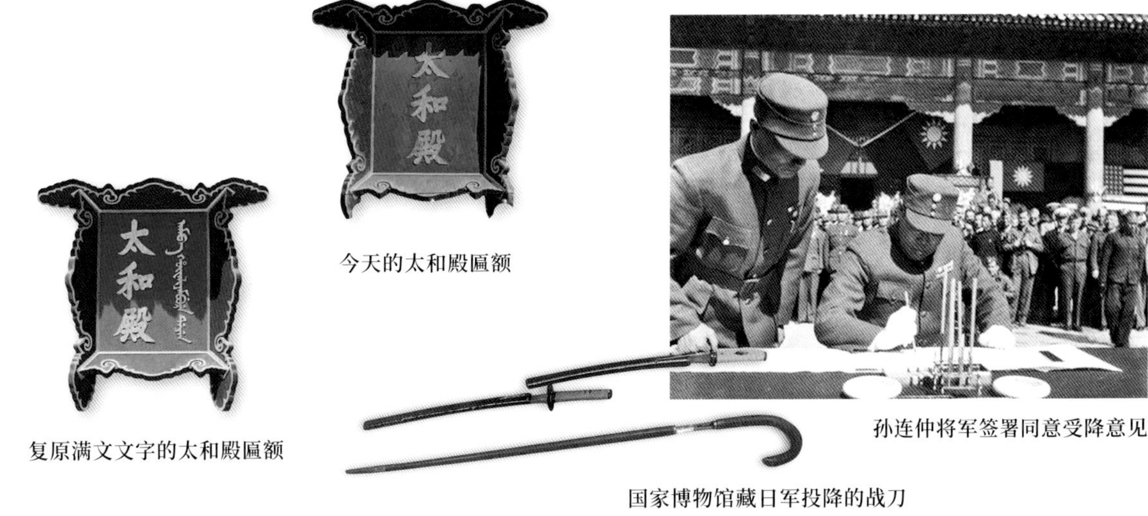

今天的太和殿匾额

复原满文文字的太和殿匾额

孙连仲将军签署同意受降意见

国家博物馆藏日军投降的战刀

了乾清门以北的后宫区域，而包括故宫三大殿在内的前朝则由民国政府占用。后来，袁世凯想当皇帝，恢复帝制。在登基前，准备了宝座、龙袍、玉玺等皇帝专用物品，并对三大殿的建筑风格进行了更改，如把三大殿黄瓦改为红瓦，把太和殿改为承运殿、把中和殿改为体元殿，把保和殿改为建极殿，对大殿内的柱子加赤金，并饰以盘龙云彩等。他还下令把前朝所有宫殿匾额上的满文去掉，改为汉文。

见证抗日战争的胜利（1945年）

1945年8月15日，日本天皇裕仁发布诏书，宣布日本无条件投降。既然日本宣布投降了，那么就得举行个仪式，让全世界见证一下。于是，全国设立了15个受降区。其中，日本华北方面军向中国第11战区投降的仪式，被选在了太和殿前进行，时间为当年的10月10日。其实，故宫博物院的成立日也是10月10日。受降仪式开始的时间定在10点10分。中方代表是国民党军委会第11战区孙连仲上将。中国官员和盟军代表有300余人。日本人的代表是日军华北方面军司令官根本博中将。日军将领代表共21人。那一天，据说太和殿广场挤了约10万民众。其实，当天太和门、午门、天安门也挤满了民众。受降仪式开始，首先，景山上军号长鸣，会场上礼炮响起，全体人员默哀，纪念抗战中牺牲的烈士。随后，孙连仲将军从太和殿迈出，进入受降仪式地点，即太和殿前。随后，根本博等21人由昭德门进入受降仪式地点。孙连仲将军命令根本博在受降书上签字，共三份。根本博在投降书上签字后，呈给了孙连仲将军。孙连仲将军签署了“同意受降”的意见。随后，根本博一行交出战刀并退出会场（其中部分战刀现在保存在国家博物馆）。此时，全场掌声雷动、欢呼声响彻云霄。同时，一架盟军B52式轰炸机在太和殿广场上空飞过。全场军乐齐鸣，众将士向国旗致敬。孙连仲将军率领众将领迈入太和殿，大家打开香槟，共同欢庆这历史的重大时刻。10点35分，受降仪式结束。尽管整个仪式只有25分钟，但这是中国历史上最重要的时刻之一。广场上民众情绪激昂，久久不愿离开，孙连仲将军走出会场，驱车所到之处，民众无不欢呼“万岁”。

太和殿大修（2008年）

太和殿建筑的保护和修缮，历来是万人瞩目的大事。2006年—2008年，故宫博物院对太和殿开展了为期两年的大修。这是太和殿在1697年建成后的首次大规模修缮。太和殿大修的主要内容包括：屋顶揭取瓦面，更换糟朽的椽子和望板，再重新铺瓦；支顶局部下沉的梁架，并紧固松动的铁箍；检修斗拱，填配补齐局部缺失的斗拱构件；修补松动的墙体，并对局部脱落的墙皮重新抹灰；对与墙体相交的柱子进行检查，采用传统方法替换柱根糟朽的位置；对松动、挪位的台基石进行修补、恢复到原来的位置；外檐重新作油饰彩画等。今天我们看到的太和殿，为2008年大修后的样子。太和殿大修，反映了中国古建筑保护人员具备了对文物采取及时有效保护的能力和水平。

第二章

装修

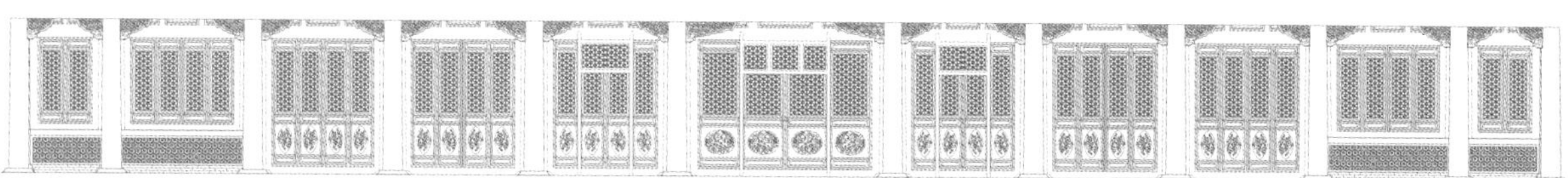

太和殿整体雄伟壮观，细部又配以变化丰富、精美绝伦的装修，形成极强的艺术效果。古建筑“装修”为行业用语，涉及古建筑内檐和外檐的隔扇、窗、天花、藻井、宝座等组合构件。依据构件所处的位置可分为内檐装修和外檐装修。

内檐装修

指建筑内部的装修

如室内的隔断、屏风、罩、椅柜、博古架等

外檐装修

指将建筑内部与外部相隔离的木结构的装修
包括门窗（隔扇、槛窗）、横陂、帘架等

安装在檐柱之间的装修
称为“檐里安装”

安装在金柱之间的装修
称为“金里安装”

隔扇

隔扇是中国古代的一种门，用于分隔室内外或室内空间。隔扇门既可联通内外，又能分隔空间，同时可以透光、通风等，因而具有门、窗、墙的功能。

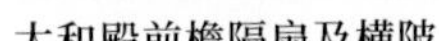
太和殿前檐隔扇及横陂

抹头是隔扇与槛窗上不可缺少的横向构件。因隔扇与槛窗较高并经常开启，为防止开榫或变形，需设置抹头予以加固。抹头的位置非常灵活，可使得隔扇或槛窗更加美观。

隔心位于隔扇上部，在隔扇中占用的比例最大。

隔心部分的纹饰稀疏有致，为糊纸裱绢提供支点，同时起到通风、采光的作用。隔心部分是最能体现隔扇艺术特色的部分，是装饰的重点所在。

太和殿后檐隔扇

六抹隔扇　三块绦环板

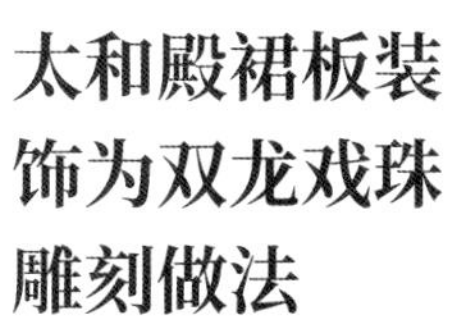

太和殿裙板装饰为双龙戏珠雕刻做法

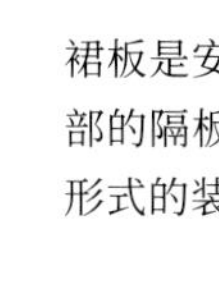

裙板是安装在外框下部的隔板，可做不同形式的装饰。

故宫慈宁宫隔扇

五抹隔扇　两块绦环板

菱花纹

帘架 帘架位于隔扇外面。隔扇保暖性差，且门框之间的空隙容易漏风。帘架的边框恰恰在门缝位置，可以起到挡风作用。帘架冬天挂棉帘，可防风保暖；夏天挂竹帘，可防蚊通风。

太和殿隔扇的隔心有精美的菱花纹。

三交六椀菱花纹

即中间的直棂、两边斜棂交于一点，将立面分成六等分，而每个等分的边界做成菱花纹，总体来看就像六个碗，又称六椀。三交六椀构造采用棂条上下扣槽，相互套接，用直棂与斜棂相交后组成无数的等边三角形，每组三角形内有六瓣菱花，使三角形相交的部分成为一朵六瓣菱花状，三角形中间成圆形。整个隔心图案形成菱花为实、孔洞为虚的图样效果，形成规整的几何图锦。

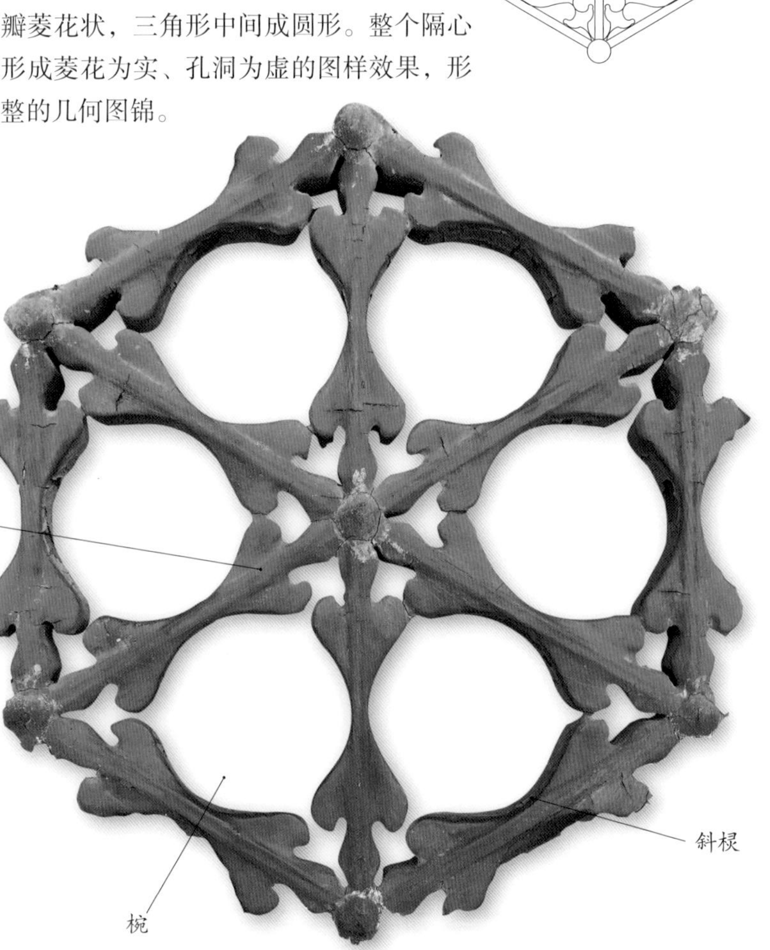

三交六椀菱花纹

太和殿隔心

双交四棂菱花纹

清晚期慈禧太后在储秀宫区域居住时，将太极殿（太极殿属于储秀宫区域）正殿帘架改为了类似隔扇的做法。另慈禧太后喜欢通透、明亮的空间，玻璃在清代晚期已经大量使用，不过仍为珍贵的建筑材料，每一次的宫廷修缮工程，都把外檐窗户换安玻璃，使得区域的透光性更强，更加明亮起来。据档案记载，慈禧居住室内大量采用玻璃、玻璃镜装饰，储秀宫的内外檐装修全部"厢安洋玻璃"。这种非封闭的隔断，不仅使她的寝宫更加亮堂，也能方便"洞察到外头的一切"。如今，太和殿的隔扇也都配了玻璃。

双交四椀菱花纹

即两根棂条十字相交且在相交处钉菱花帽钉，使之成为放射状的菱花图案。交点位置形如四个碗，又称四椀。双交四椀菱花纹常用于建筑等级稍低的门窗上，慈宁宫隔扇的隔心纹饰即为此做法。

平棂式隔心纹饰

与菱花式相比，平棂式隔心纹饰等级要低，构造较为简易，但样式也富有变化。常见的隔扇纹饰有正方格、斜方格等做法。

面叶

太和殿的隔扇边挺[①]的看面[②]四角安装铜制饰件，这种饰件称为“面叶”。太和殿面叶做法包括双拐角叶、双人字叶。

① 边挺：是指隔扇左右侧边木构件。
② 看面：就是指人的眼睛所看到的平面（或立面），这里指外立面。

太和殿前檐隔扇面叶

鍮钑面叶

太和殿隔扇面叶上面冲压云龙花纹，称为“鍮钑面叶”。面叶上的龙身周围配以祥云，形成腾云驾雾的动态。

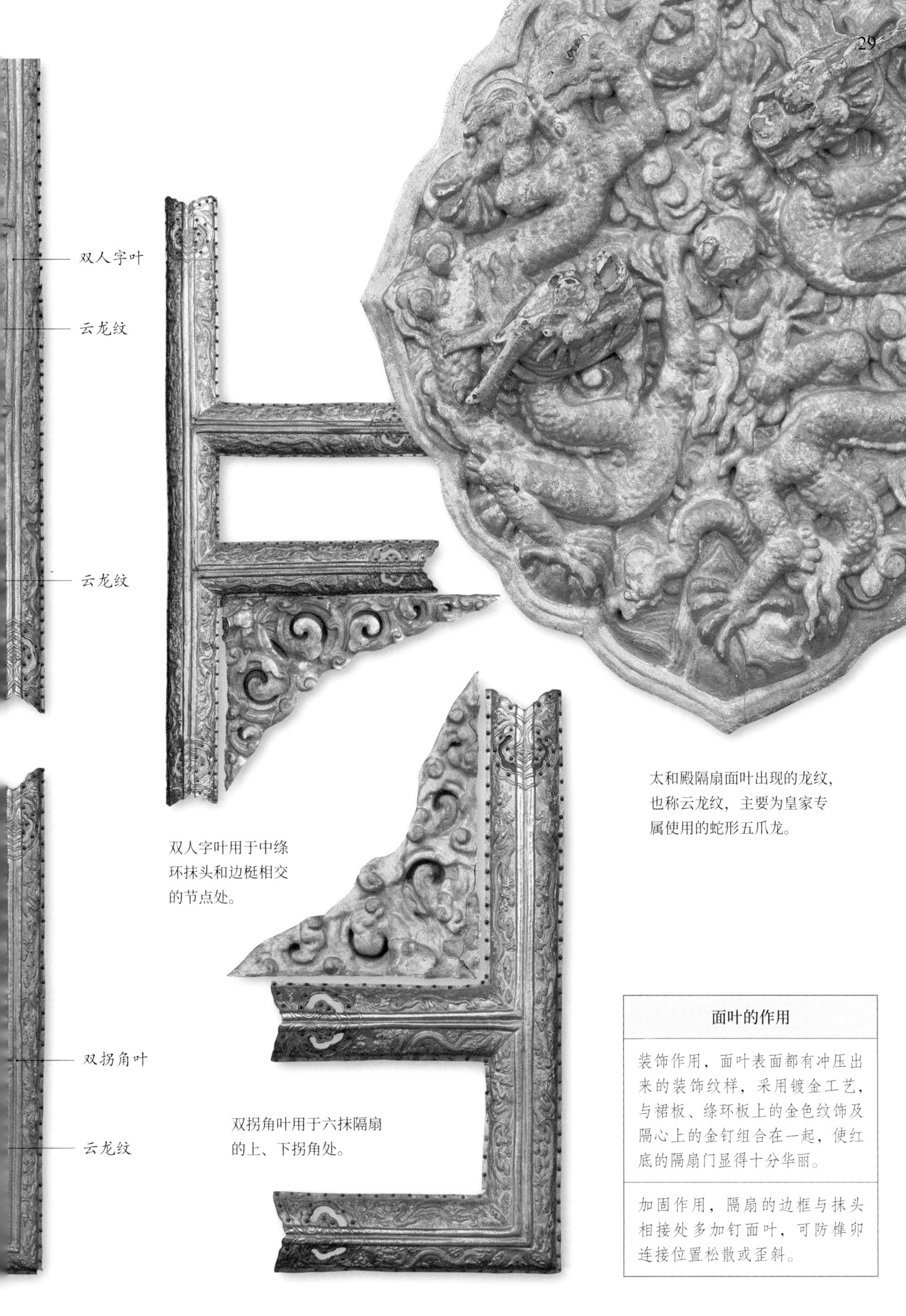

双人字叶用于中绦环抹头和边梃相交的节点处。

双拐角叶用于六抹隔扇的上、下拐角处。

太和殿隔扇面叶出现的龙纹，也称云龙纹，主要为皇家专属使用的蛇形五爪龙。

面叶的作用
装饰作用，面叶表面都有冲压出来的装饰纹样，采用镀金工艺，与裙板、绦环板上的金色纹饰及隔心上的金钉组合在一起，使红底的隔扇门显得十分华丽。
加固作用，隔扇的边框与抹头相接处多加钉面叶，可防榫卯连接位置松散或歪斜。

窗

太和殿的门可起到通风透光的作用，却替代不了窗。窗的应用具有较大的灵活性，其大小、位置可以根据需要随意变化。窗在古建筑立面构图上具有重要作用，能显示建筑等级，烘托建筑主题，形成借景效果。太和殿的窗户有槛窗和横陂窗。

槛墙上的龟背纹

横陂窗

太和殿隔扇和槛窗上面都有横陂窗，其具有采光的作用，但不能开启。横陂窗隔心样式与下面的隔扇门和槛窗隔心样式相同。

槛窗

槛窗是安装在槛墙（隔扇旁边的矮墙）上的窗。它可认为它是一种短隔扇，由隔心、绦环板加上抹头组成。它的外形、开启方式与隔扇门相同，与隔扇的区别就在于没有“裙板”这个构件。

太和殿前檐槛窗及上部横陂窗

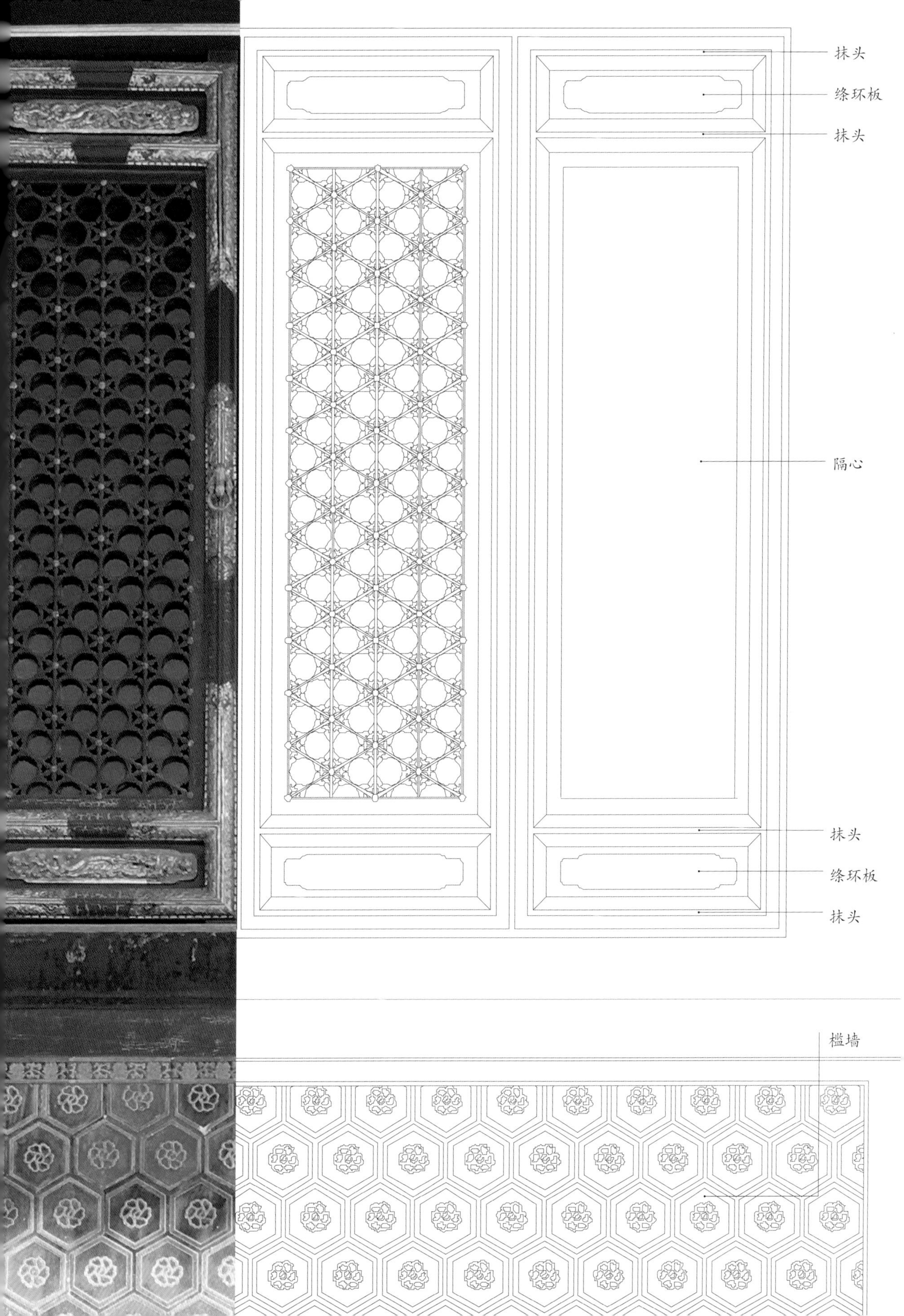
抹头
绦环板
抹头
隔心
抹头
绦环板
抹头
槛墙

按照清宫规定：**“太和殿、中和殿、保和殿窗隔，每年糊一次。”**裱糊时间均安排在入冬之前进行。

太和殿正立面 有窗

太和殿背立面 无窗

在明清时期，太和殿的门窗也同民间一样，都是用纸裱糊的。但不同的是，太和殿不仅所用窗户纸质量上乘，而且需要常年修葺维护。与民间窗棂仅裱糊一层花饰不同，太和殿裱糊窗纸，窗棂内外两面均有花饰，两层窗棂的花饰重合一致。在清代，具体的裱糊、修葺事项均由专管各项工程的工部经办，所需纸张则从掌管财政的户部领取，有时材料短缺，也从内务府等衙门暂借。每次需用纸张都有具体的数目。太和殿是皇帝举行盛大典礼之所，地位至尊至上，糊饰门窗必须使用最好的高丽纸。因为这种纸张不仅透明白净，而且经久耐用，可以较好地抵挡风吹雨淋。清宫高丽纸的来源，除了定期派员采办外，还来自朝鲜的进贡。这些贡品均收存在内务府库房中，一旦采购数量不足，可以随时动用。

太和殿仅在前檐开设窗户，后檐除了正中部位开设隔扇外，其余全部为封闭的墙体，这属于“负阴抱阳”做法。老子《道德经》中有：“万物负阴而抱阳，冲气以为和。”意思就是世间万物进都背阴而向阳，阴阳二气相互作用而形成新的和谐体。《易经·说卦传》有：“圣人南面而听天下，向明而治”，意思是古圣先王坐北朝南而听治天下，面向光明而治理天下。

除此以外，太和殿坐北朝南，在南面开设大量门窗，北面则较少开窗，这种布局形式也有着地理学上的意义。中国的黄河流域处于北半球温带季风气候最为显著的地区，冬季在亚洲大陆西北内部形成高气压，有长达数月的偏北寒风；夏季高气压中心转向东南太平洋上，来自南方致雨的季风，使得温度上升、暑气逼人。在这种地理条件下，建筑朝正南方向最为适宜，北侧封闭以利于御寒，而南侧开设窗户则利用阳光照射和夏季通风。北京夏天盛行南风，冬季盛行北风，太和殿坐北朝南，其南部门窗通开，有利于夏天通风；其北部封闭，有利于于冬天御寒。

“负阴抱阳”即建筑坐北朝南，面向光明而治理天下。

宝座

故宫现存做工最讲究、装饰最华贵、等级最高、设计最尊贵、雕镂最精美的宝座，是太和殿中陈设的髹金漆云龙纹宝座。

1915 年，袁世凯篡权称帝，撤去了太和殿雕龙宝座，安放了一张椅背高、座面矮的西式大椅，据说这是为腿短的袁世凯量身设计的。1959 年，原来的雕龙髹漆宝座才被重新放回太和殿中。

脚踏

太和殿宝座为明代遗物。清朝皇帝入主紫禁城后继续沿用了二百六十多年。

宝座通体高1.72米，宽1.58米，座高0.49米，纵深0.79米。有一个“圈椅”式的椅背，四根圆柱上承四条形象生动的蟠龙，正面高，两扶手处渐低，背板平雕阳纹云龙。整个宝座共有十三条金龙盘旋，通体罩金箔并镶红蓝宝石作装饰。宝座没有采用通常的四条椅腿，下面另置须弥座式脚踏，显得稳重端庄。

太和殿宝座为髹金漆做法，通体髹金漆代表着最高档次的礼制用品。金漆宝座所在的高台阶两侧，成双成对地设置铜胎掐丝珐琅宝象、角端、仙鹤、香亭四种陈设；宝座阶前的大殿地面上，则有四尊铜胎掐丝珐琅香炉，一字形置放在紫檀木贴金几架上。

宝座后衬托以七扇雕有云龙纹的髹金漆大屏风，它是明朝嘉靖年间（1522—1566）制作的，材料为楠木。

髹金漆

髹金漆做法有两种方式：一种是在木头上打金胶，把金箔往上贴，然后压匀，称作贴金（一般贴金两到三遍）。另一种是把金磨成粉，调成糊状，刷在宝座上，称为罩金。这两种方式最后都要在外面再罩一层清漆（透明漆），装饰出来的成品在效果上没有分别，但是都不会像普通的漆器一样出现断纹。

不用的髹漆方式代表着不同的宝座等级。最高等级的是通体贴金宝座；其次是画金花纹宝座；没有金花纹的宝座是最低档的，一般摆在寝宫里，作为非礼制建筑中的礼制陈设，设而不一定用。

藻井

太和殿宝座的上方、天花正中有“穹然高起，如伞如盖”的特殊装饰，称作“藻井”。“藻井”一词，在历代文献中还有龙井、绮井、方井、圜井等许多叫法。

太和殿龙凤角蝉云龙随瓣枋套方八角浑金蟠龙藻井，与前后左右六根贴金蟠龙金柱交相辉映，使整个大殿中央金碧辉煌。

藻井呈伞盖形，由细密的斗拱承托，**象征天宇的崇高**，藻井上绘有龙纹彩画及浮雕。

① 盖板下雕以蟠龙，龙头下探，口悬宝珠。该宝珠被称为轩辕镜。
② 上为圆井。圆井周围安装斗拱或雕饰云龙图案。
③ 中为八角井。八角井内侧角枋上安雕有云龙图案的随瓣枋。
④ 最下层为方井。方井四周通常安置斗拱。
⑤ 方井之上施用抹角枋。正斜套方，使井口变成八角形。
⑥ 正、斜枋子在八角井外围形成三角形或菱形的“角蝉”。

①
②
③
④
⑤
⑥

藻井在汉代就有。据汉代民俗著作《风俗通》记载："今殿作天井。井者，东井之象也。藻，水中之物。皆所以厌火也。"由此可知，在殿堂、楼阁最高处作井，同时装饰以荷、菱、藕等藻类水生植物，都是希望借以压伏火魔。宋、辽时期的藻井，较普遍地采取了斗八形式，即由八个面相交，向上隆起成穹窿式顶。明清时期的藻井，较宋代更为华丽，大体由上、中、下三部分构成。

宋《营造法式》卷八小木作项内介绍了斗八藻井与小斗八藻井两种。其中，斗八藻井的具体做法是："造斗八藻井之制，共高五尺三寸，其下口方井，方八尺，高一尺六寸；其中曰八角井，径六尺四寸；其上曰斗八，径四尺二寸，高一尺五寸。于顶心之下施垂莲，或雕华云卷，皆内安明镜。"这里所说的明镜，即古代青铜镜，用于辟邪。

轩辕镜

太和殿藻井的功能是为了防火，而其中轩辕镜的功能则是确认帝王的正统性。

轩辕的含义有二，其一即取象于天上的轩辕星。轩辕的另一个含义即皇帝。轩辕是上古时代黄帝的名字，相传他住的地方称轩辕丘，他创造的镜子称轩辕镜。太和殿藻井下方的金色蟠龙，从口中垂下轩辕镜，即一颗银白色大圆珠，四周环绕着六颗小珠。古书记载，上悬轩辕镜主要是取以辟邪，又说持轩辕镜百邪远之。此镜之六颗小珠乃含天地四方六合之意。

故宫博物院研究人员经过分析，轩辕镜实质是带有汞镀层的玻璃球镜，有多面球灯的效果，重量也很轻。

在古代，汞（通称水银）及其化合物被看作是带有神秘色彩的医治百病的良药，甚至还被描绘成能让人长生不老的仙丹。然而除了个别的例子（如中国商代曾经利用汞的化合物治癫疾）外，很少有记载这种良药治好疾病的例证，相反，汞及其化合物含有剧毒却常有记载，将汞当成药治死人的传说也是常有的。中国是最早使用汞及其化合物的国家之一，除了商代用汞的化合物治疗癫疾以外，根据《史记·秦始皇本纪》记载，在秦始皇墓中就灌入了大量的水银，以为"百川江河大海"，可见当时就已经掌握了水银的提炼方法。轩辕镜由玻璃和汞组成。玻璃一类的制品在本质上和瓷器的釉是同类的，是某些砂石矿物在高温烧结后形成的硅酸盐类材料，此类物质最早可能是在烧制陶器时偶然发现的。迄今最早发现的玻璃器皿大约是在3600年前出现在两河流域。

中国最早的玻璃大约出现在春秋末年。中国古代玻璃不同于西方钠钙玻璃的品质和体系，化学成分有所不同，当属于铅钡玻璃。

天花

天花亦称顶棚，是古代建筑内用以遮蔽梁架部分的构件。

太和殿天花有正面龙纹饰，一条在云层中舞动的龙，成正立状，威风凛凛地目视前方。据故宫博物院人员统计，太和殿天花共有1720条龙纹。

皇帝自比为“真龙天子”，身体叫“龙体”，穿的衣服叫“龙袍”，坐的椅子叫“龙椅”，乘的车、船叫“龙辇”“龙舟”……凡是与他们生活起居相关的事物均冠以“龙”字，以示高高在上的特权。

故宫古建的天花可分为硬天花和软天花

硬天花以木条纵横相交成若干格，也称为井口天花，每格上覆盖木板，天花板圆光中心常绘龙、龙凤、吉祥花卉等图案，常见于建筑等级较高的建筑。

软天花又称海漫天花，以木格栅为骨架，满糊麻布和纸，上绘彩画，或用编织物，为等级较低的天花。

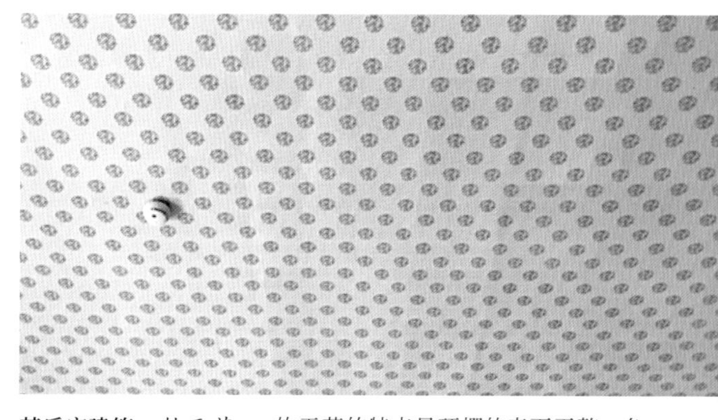

某后宫建筑 软天花 软天花的特点是顶棚的表面平整，色调淡雅，给人以明亮、舒适的感觉。故宫后妃们居住的东西六宫多采用软天花，颜色以浅色为主，并采用福（蝠）寿（桃）等简单的图案加以装饰。

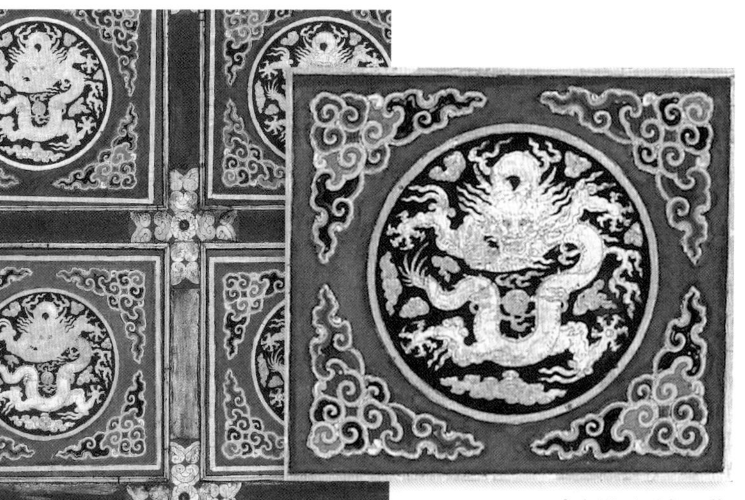

太和殿正面龙天花

在宋代时“天花”也叫“平棋”“平闇”。从实用功能角度讲天花可以美化古代建筑物室内，使之看起来更整洁。也能防止梁架挂灰落土到地面。同时，还能起到冬季保暖、夏季隔热的作用。从装饰艺术角度讲天花上的图纹艺术是古建筑整体装饰艺术的重要组成部分。

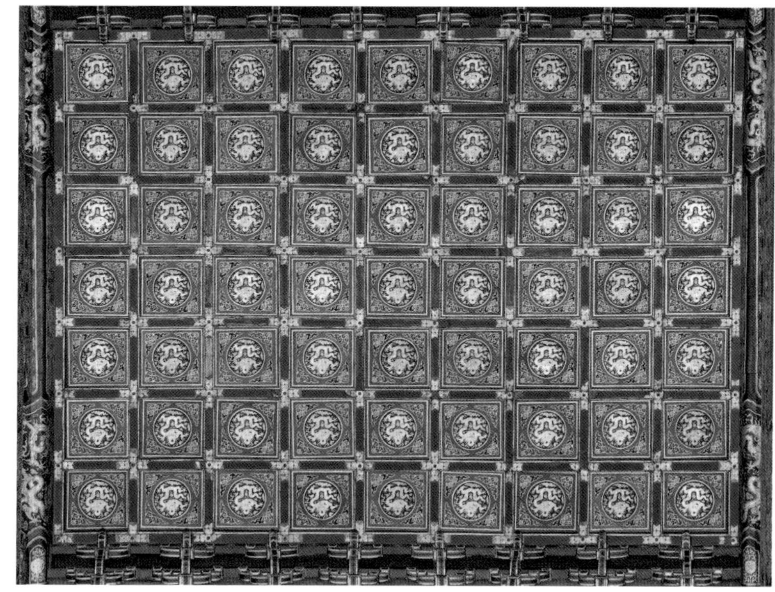

太和殿天花仰视图 硬天花

第三章

柱架

太和殿的柱架主要由柱子、额枋组成。柱与额枋的连接方式为榫卯，对应的位置称为榫卯节点。作为封建皇权的中枢之地和国家典仪的举办之处，其柱架构造及房屋数量，有许多独特之处。

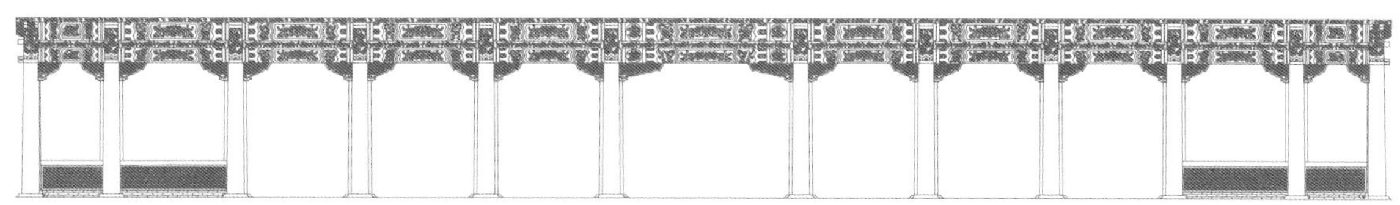

柱

柱子作为古建筑大木结构的重要承重构件之一，主要用来承受上部传来的垂直作用力。太和殿的柱由檐柱和金柱组成。

金柱

也称老檐柱，是在檐柱以里的柱子。太和殿进深（宽度方向）较大，因而又有外金柱和里金柱之分。位于大殿内，其较大的尺寸可凸显出建筑的宏伟。屋面大部分重量由金柱支撑。

檐柱

也称廊柱，即太和殿最外一圈的柱子。直径和高度都要小于金柱。只支撑廊子上部屋顶的重量。

太和殿横剖面图
（虚线部分为柱架）

外金柱距离檐柱较近；里金柱距离檐柱较远。这些柱子的直径约为柱高的1/10，以此方可满足受力要求。

永乐四年（1406），明成祖朱棣下诏以南京皇宫（南京故宫）为蓝本，兴建北京皇宫和城垣，太和殿是其中最重要的建筑。朱棣先派出人员，奔赴全国各地去开采名贵的木材，然后运送到北京。光是准备工作，就持续了11年。珍贵的楠木多生长在中国西南地区的崇山峻岭里。百姓冒险进山采木，很多人为此丢了性命，后世留下了“入山一千，出山五百”的说法，形容采木所付出的代价。

收分

是指柱顶直径要比柱底直径要小。它的作用在于，柱顶截面尺寸小，柱顶之上构件产生的压力方向就很难偏离柱子的轴心，有利于保护柱子的稳定。

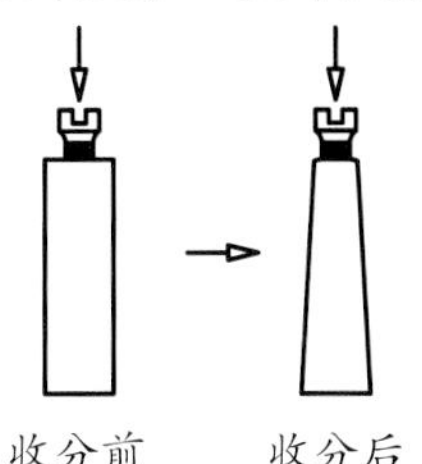

普通宫殿	太和殿
普通宫殿建筑，尤其是紫禁城以外的宫殿建筑，其木柱材料多为松木。	其柱材料为金丝楠木。与普通木材材质相比，楠木具有木纹平直，结构细致，易加工，不易朽，不易受白蚁蛀食，气味芬芳等优点。

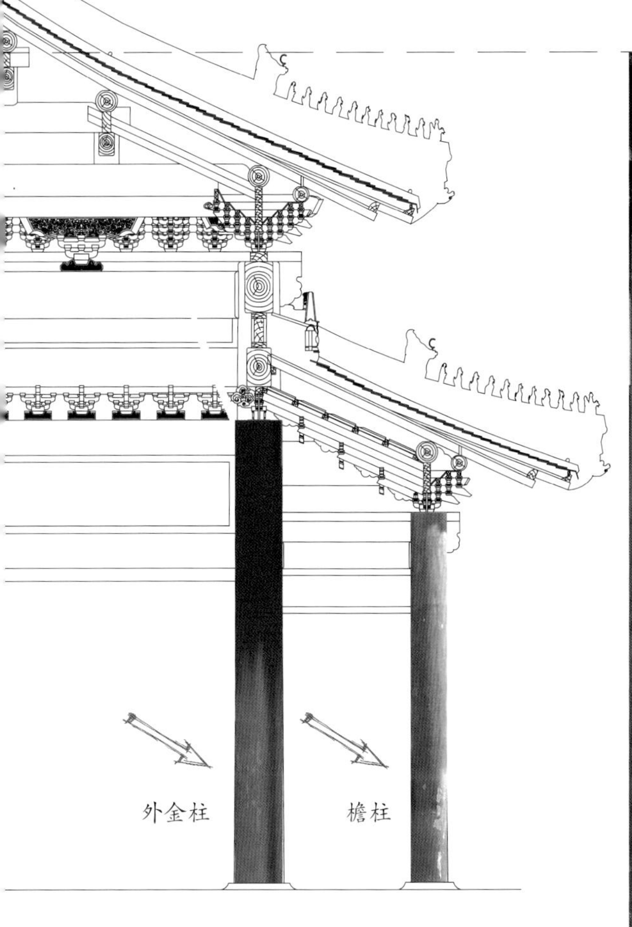

蟠龙金柱

太和殿明间正中有六根蟠龙柱，如六位御前大将一般守卫着皇帝宝座。

太和殿的六根金柱分为两排，东西各三根。每根金柱上各绘制一条巨龙，龙身缠绕金柱，龙头昂首张口，似在穿云驾雾。每根柱子的下方还绘有海水江崖纹，汹涌的海浪拍打礁石，激起层层浪花，烘托出巨龙的升腾磅礴气势。

蟠龙金柱
宝座
屏风

蟠龙金柱与宝座侧视线图（局部）

太和殿蟠龙金柱（局部）

太和殿柱子的直径、柱高尺寸都比普通宫殿建筑要大。建福宫中最大尺寸的金柱直径为0.43米，柱高最大值为4.9米，而太和殿金柱直径达1.06米，柱高最大值达12.7米，约为建福宫柱高的3倍。

朱红柱	蟠龙金柱
木柱外施加地仗（即保护层）。	金柱并非黄金铸成的，和朱红柱子一样，木柱外加地仗。
木柱表层为朱红油饰。	蟠龙金柱表层为沥粉贴金。

太和殿蟠龙金柱老照片

沥粉贴金

蟠龙金柱上的金龙纹饰，由鼓凸出来的粗细不同线条组成，既不是雕刻出来的，也不是捏塑出来的，乃是沥粉工艺制成。方法是先用石粉加水胶调成膏状材料，再将材料灌入皮囊内。皮囊一端安装一个金属导管，用手挤压皮囊，从导管内排出材料，附在地仗上，就形成流畅的、鼓起的线条，组成所需图案。金柱上的金皮是贴上去的，因此称为贴金。其制作方法是：先将黄金加工成薄薄的金片，称为“金箔”。金箔打得越薄越好，工匠中有一种说法，一两金子做成“一亩三分地”大的金箔最佳。

柱网

太和殿在面宽方向（面宽方向=纵向=长度方向）有12根柱子，在进深方向（进深方向=横向=宽度方向）有6根柱子，合计有66根柱子，它们组成太和殿的柱网体系。

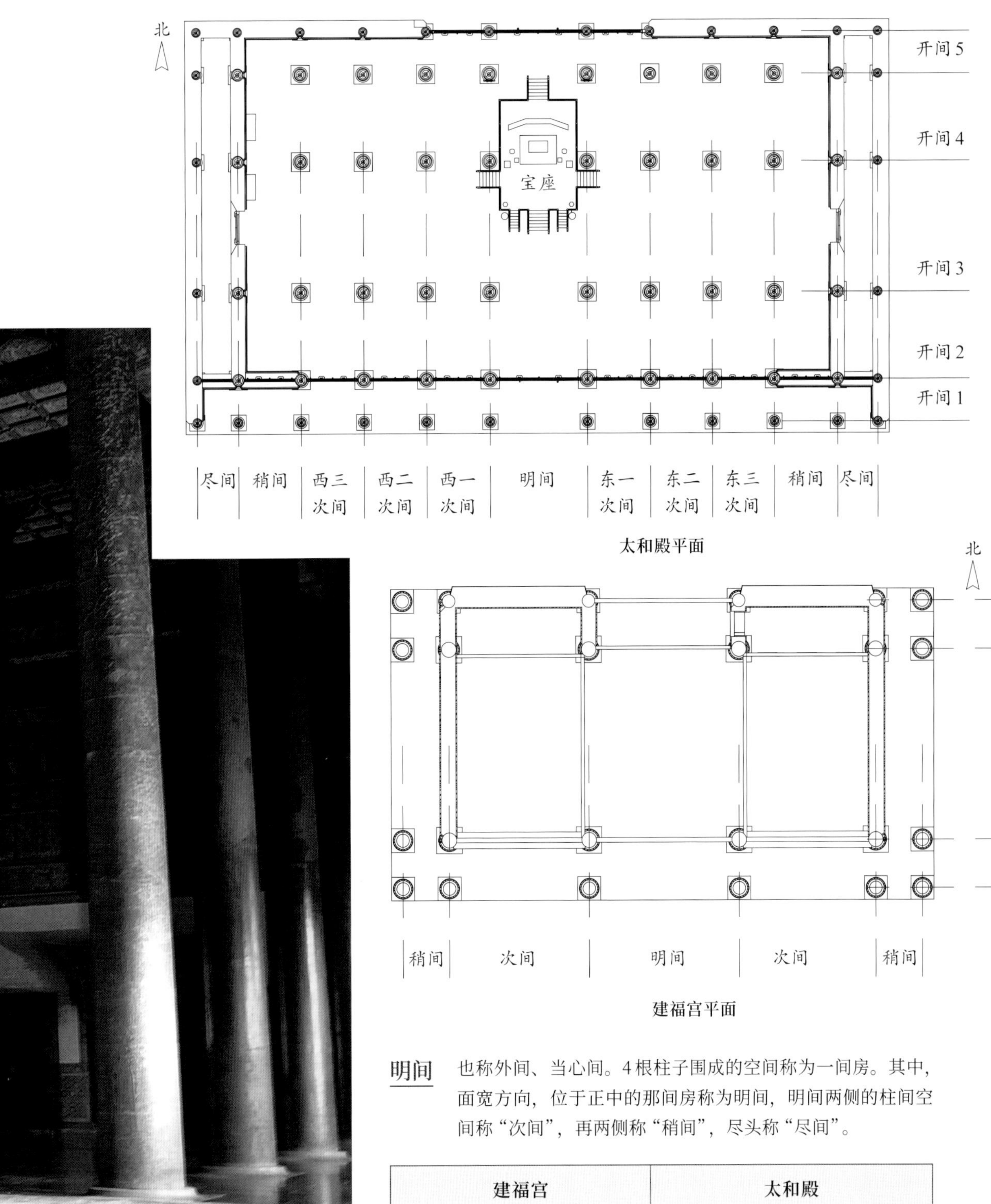

太和殿平面

建福宫平面

明间 也称外间、当心间。4根柱子围成的空间称为一间房。其中，面宽方向，位于正中的那间房称为明间，明间两侧的柱间空间称“次间”，再两侧称“稍间”，尽头称“尽间”。

建福宫	太和殿
在面宽方向有1个明间、2个次间和2个稍间；进深方向有3个开间。共15间房。	在面宽方向有1个明间、6个次间、2个稍间、2个尽间；在进深方向有5个开间。共55间房。
柱子数量为24根。	柱子数量为66根。

柱顶石

又名柱础，是一种中国传统建筑石制构件。为什么古建筑常用柱顶石呢？这是因为中国古代建筑大多是木质的，而木制的柱子在地面很容易霉变腐败，所以垫上柱顶石使柱子高于地面防止腐变。

太和殿外柱顶石

柱子

鼓镜

地下部分

柱根平摆浮放在柱顶石上，在发生地震时，其反复在柱顶石表面滑动，地震结束后可基本恢复到初始状态，缓冲了地震的破坏作用，具有“四两拨千斤”的效果。

隔震 隔震是在建筑基础部位安放可运动装置。地震发生时，通过装置的运动来耗散、吸收部分地震能量，并错开地震波的频率，从而减轻地震对建筑的损害。

中国古建筑的柱底与柱顶石	雅典赫菲斯托斯神庙

中国古建筑的柱顶石为石质材料，立柱为木柱材料，属于不同材料的构件。	西方古建筑主要以石材作为建筑核心材料。因此，对于一座含有立柱的西方古建筑，其基座与柱子均为石质材料。
柱底并非插入柱顶石里面，而是浮放在柱顶石上面；即立柱与柱顶石不存在拉接关系。且柱顶石顶面面积大于木柱截面面积，以利于柱底在柱顶石上产生摩擦滑移。	在施工时，这类古建筑的石块基础可以与立柱采用一块石料加工而成，也可以分别加工，然后在柱底与基础之间采用铁销子拉接。
这种连接方式是有科学依据的，也是古代工匠智慧的结晶，其主要作用是缓冲地震。柱顶石作为古代中国建筑装饰艺术的发展一个缩影，是中国几千年建筑艺术中一个重要的组成部分。	西方的这种柱底与基础的连接方式与太和殿的柱顶石做法是有着根本区别的。当产生地震等灾害时，西方石质建筑的立柱与基础之间的连接很容易因为抵抗力不足而产生错动或者开裂。

柱顶石地上部分

体量较小宫殿建筑有海眼，太和殿柱顶石无海眼。

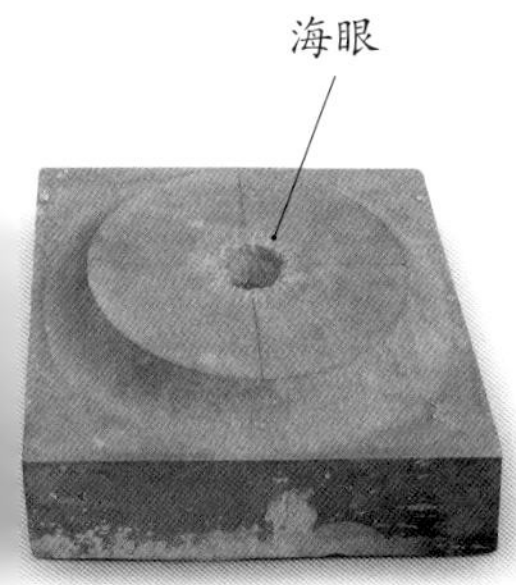

太和殿内柱顶石

透风

古建筑的外墙上，都有镂空砖雕，一般每隔一定距离设置在墙体的底部、顶部各设置一个，上下两个砖雕在同一竖直线上。这些镂空的砖雕就是透风。

透风的设置，是为了排出墙体与柱子之间的空气，保持墙体内的柱子始终处于干燥状态，帮助墙体内的木柱防潮、防腐。

太和殿背面4根柱子的透风

故宫的古建筑施工工序	先安装木柱柱网和梁架，再砌墙。	墙体很厚，在与木柱相交的位置附近，砌墙时往往会把柱子包起来。	封闭在墙体里的柱子，如果不及时采取通风干燥措施的话，很容易产生糟朽。

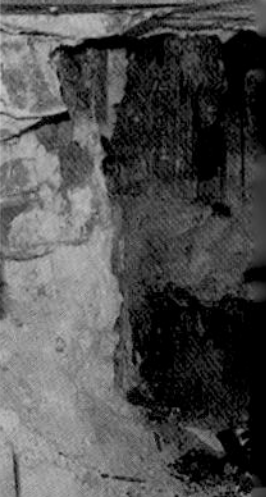
柱根糟朽

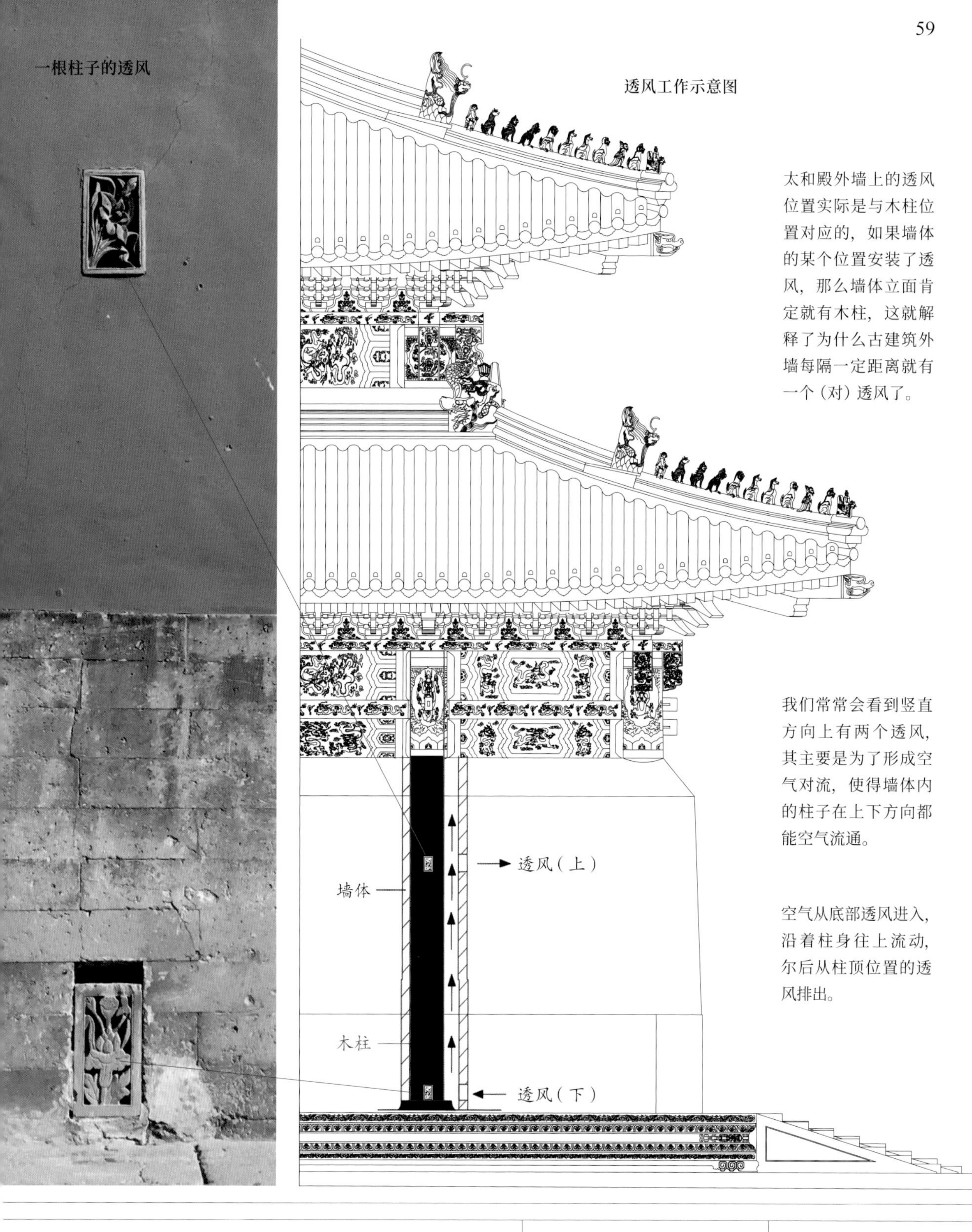

工匠们在长期施工中，逐渐摸索出排出柱底潮湿空气的办法，即在木柱与墙体相交的位置，不让木柱直接接触墙体，而是让墙体之间存在5厘米左右的空隙，同时在柱底对应的墙体位置留一个砖洞口，尺寸约为15厘米宽，20厘米高。

为美观起见，用刻有纹饰的镂空砖雕来砌筑这个洞口，这个带有镂空图纹的砖就称为透风。

通过透风，墙体内木柱周边潮湿的空气就能够排出。

侧脚

所谓侧脚，是指古建筑最外圈的柱子（檐柱）顶部略微收、底部向外掰出一定尺寸的做法。

紫禁城古建筑普通立柱的安装都是柱身垂直立于柱顶石上，而檐柱的安装则不同，按照侧脚做法，每两根相对的柱子间形成“八字”状。侧脚使得古建筑的柱架体系由矩形变成了“八”字形。这种做法，不但使整个建筑物显得更加庄重、沉稳而有力，而且充满了力学智慧。

“侧脚”增强了建筑的稳定感，提高了木构架的抗震性能和建筑材料的结构刚度。

太和殿前檐柱侧脚

宋《营造法式》卷五《大木作制度二·柱》规定了外檐柱在前、后檐均“柱首微收向内，柱脚微出向外，每屋正面，随柱之长，每一尺侧脚一分，若侧面，每一尺即侧脚八厘；至角柱，其柱首相向，各依本法”。即正面柱子的柱脚向外倾斜柱高的1/100，侧面倾斜8/1000，而角柱在正面、侧面两个方向，柱脚各按例倾斜的做法。

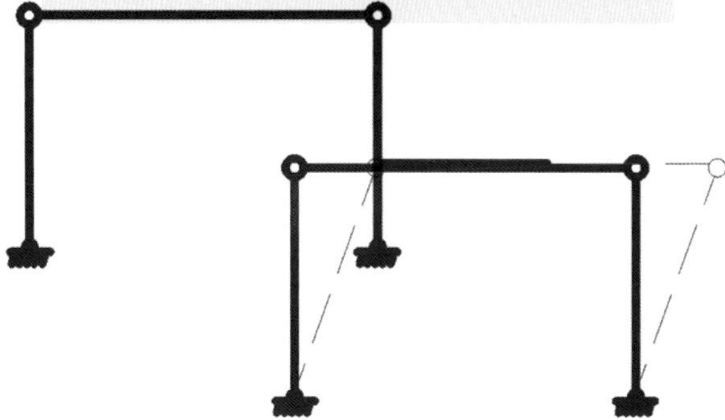

无侧脚水平地震作用下的柱架运动示意图

对于未设侧脚的“平行四边形”体系而言，其在水平外力作用下不断往复摇摆，容易产生失稳破坏。而这种“平行四边形”的连接体系，在物理学上称为“瞬间失稳体系”。

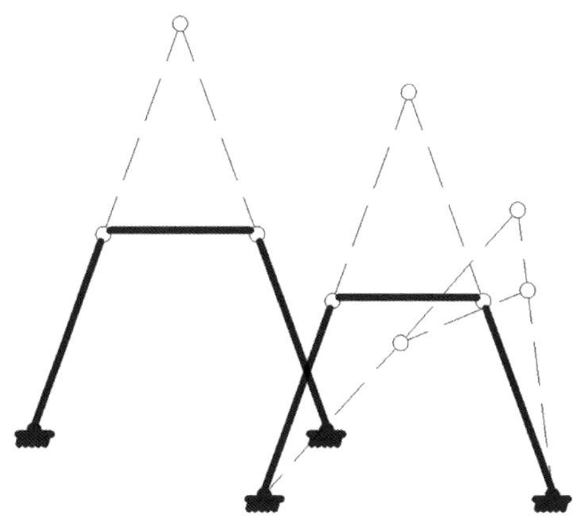

有侧脚水平地震作用下的柱架运动示意图

对于设置侧脚的“八字形”体系而言，其柱与柱的延长线会相交于一点，形成虚“交点”，而整个体系则犹如一个三角形。在侧面（宽度方向），柱身侧脚尺寸为柱高的8/1000；在角柱位置，则两个方向同时按上述尺寸规定侧脚。在物理学上，“八字形”体系又称为“三角形稳定体系”。

故宫同道堂前井亭侧脚 其“八字形”非常明显

枋

拉接立柱的水平构件称为枋。我们常看见太和殿外檐由三层水平构件叠合拉接柱子，这三层水平构件分别称为大额枋、由额垫板、小额枋。

大额枋、由额垫板和小额枋组成了“工字形”截面的叠合梁，来承担上部构件传来的外力作用。这种工字形截面是非常合理的，当在外力作用下叠合梁产生弯曲时，主要由大、小额枋来分担外力。由于额垫板基本不参与受力，其截面尺寸可以做得很小，有利于节约材料。

"工字形"截面的叠合梁，既可增加承重强度，又可节约材料。

雀替

雀替是一个木块，其从柱顶伸出来，与柱子共同支撑额枋。之所以称为"雀替"，是因其外形像鸟雀的翅膀。

雀替在北魏时期就出现了，后来其外形由简单的长方形木块演变为具有浓厚艺术特色的曲线木雕。与原始四边形立面形状相比，雀替演化成三角形的立面形状增强了其受力性能。

雀替加强了木构架受力变形过程中结构的整体性，它可以辅助柱子，共同支撑额枋传来的竖向力，限制了额枋端部榫头绕柱顶卯口的相对转动，增大了转动刚度，加固了梁柱榫卯节点；它还缩短了额枋的跨度，减小了额枋的竖向变形量，增大了榫卯节点位置的截面面积，减小了竖向静力作用下榫头发生剪切破坏的可能性。

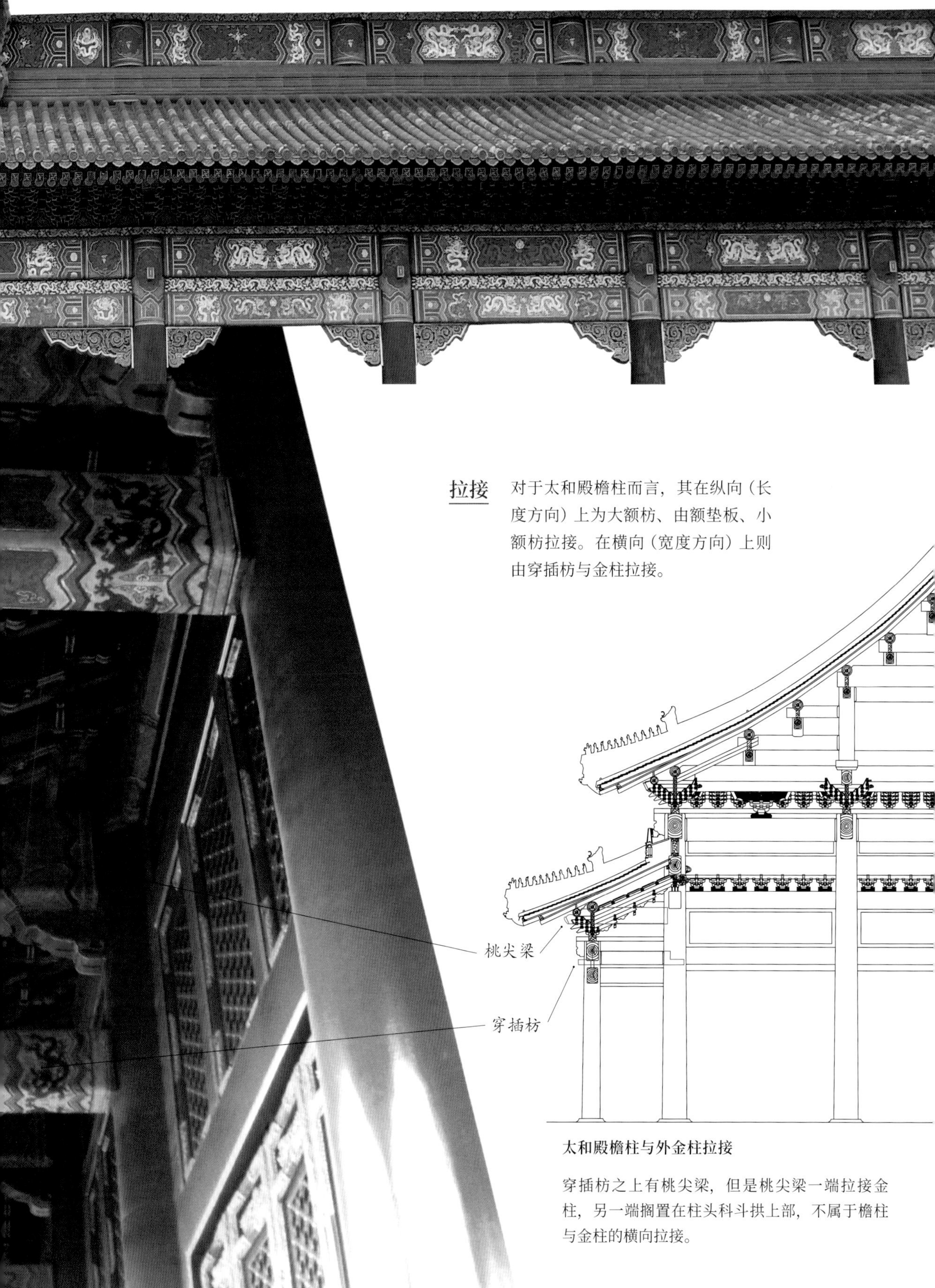

拉接 对于太和殿檐柱而言，其在纵向（长度方向）上为大额枋、由额垫板、小额枋拉接。在横向（宽度方向）上则由穿插枋与金柱拉接。

太和殿檐柱与外金柱拉接

穿插枋之上有桃尖梁，但是桃尖梁一端拉接金柱，另一端搁置在柱头科斗拱上部，不属于檐柱与金柱的横向拉接。

榫卯

“榫卯”是指榫头与卯口。太和殿的立柱与水平构件（梁、枋）的连接，主要通过榫卯形式进行。榫卯连接的位置，可称为榫卯节点。

紫禁城古建筑的榫卯节点有数十种，太和殿柱与额枋连接为其中的一种，称为燕尾榫节点。特征为：位于额枋端部的榫头被加工成燕尾形式，而位于柱顶的卯口相应做成了同样形状、尺寸的凹口形式。

那么，为什么太和殿的柱与额枋的节点做成燕尾形式，且安装方向为由上往下进行？

燕尾榫卯节点

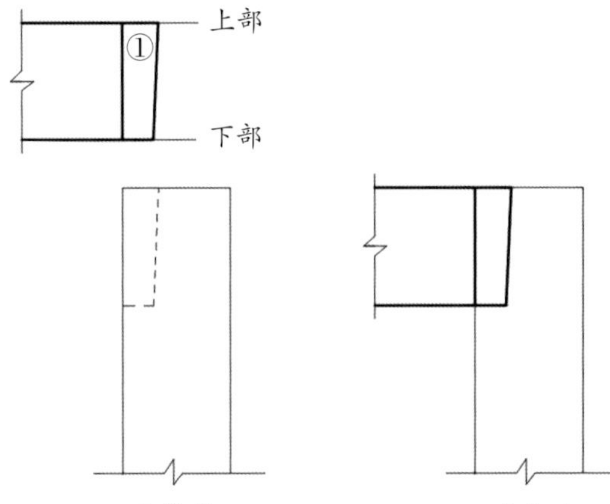

燕尾榫安装立面示意图

① 从立面形状来看，燕尾榫榫头非矩形，其下部窄、上部宽，这种做法称为“溜”。

② 从平面形状来看，燕尾榫头非矩形，其特点是根部窄、端部宽，这种做法称为“乍”。

燕尾榫的“溜”，使得燕尾榫在从上往下安装过程中，其水平截面面积越来越小，榫头与卯口就挤得更加紧密，所需竖向外力就越大，因而榫头与卯口在竖向连接牢固。

“乍”的巧妙之处在于榫头从卯口水平往外拔出过程中，榫头的竖向截面面积越往外越大，榫头与卯口之间就挤得更紧密，所需水平外力就越大，因此，燕尾榫节点不容易产生水平拔榫。

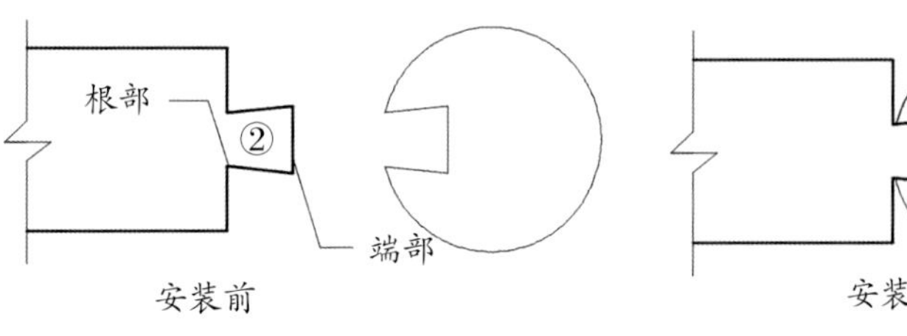

燕尾榫安装平面示意图

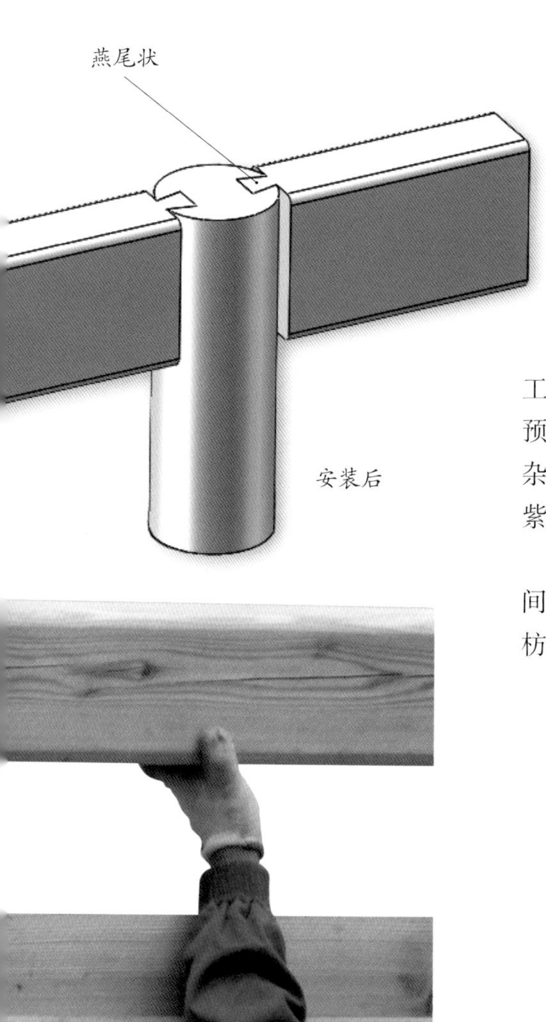

柱与梁枋的榫卯连接方式有利于紫禁城整体的营建。古代工匠巧妙地利用了木材易加工、重量轻的特点，将这些木构件预先加工好，避免了对木材进行现场剔、凿、刨等工序造成的杂乱环境。柱、梁枋在现场直接安装即可，有利于快速施工。紫禁城共有9000多间房屋，其真正营建只用了3年。

榫卯连接的方式不仅有利于快速施工，而且榫头与卯口之间精确的尺寸咬合使得构件不易产生错位。由此可知，柱与梁枋的榫卯连接可营造快速、高效、优质的施工和营建效果。

燕尾榫安装

燕尾榫的**“乍”**和**“溜”**做法，有利地保障了榫头与卯口之间的可靠连接，**有利于木构架的稳定**。

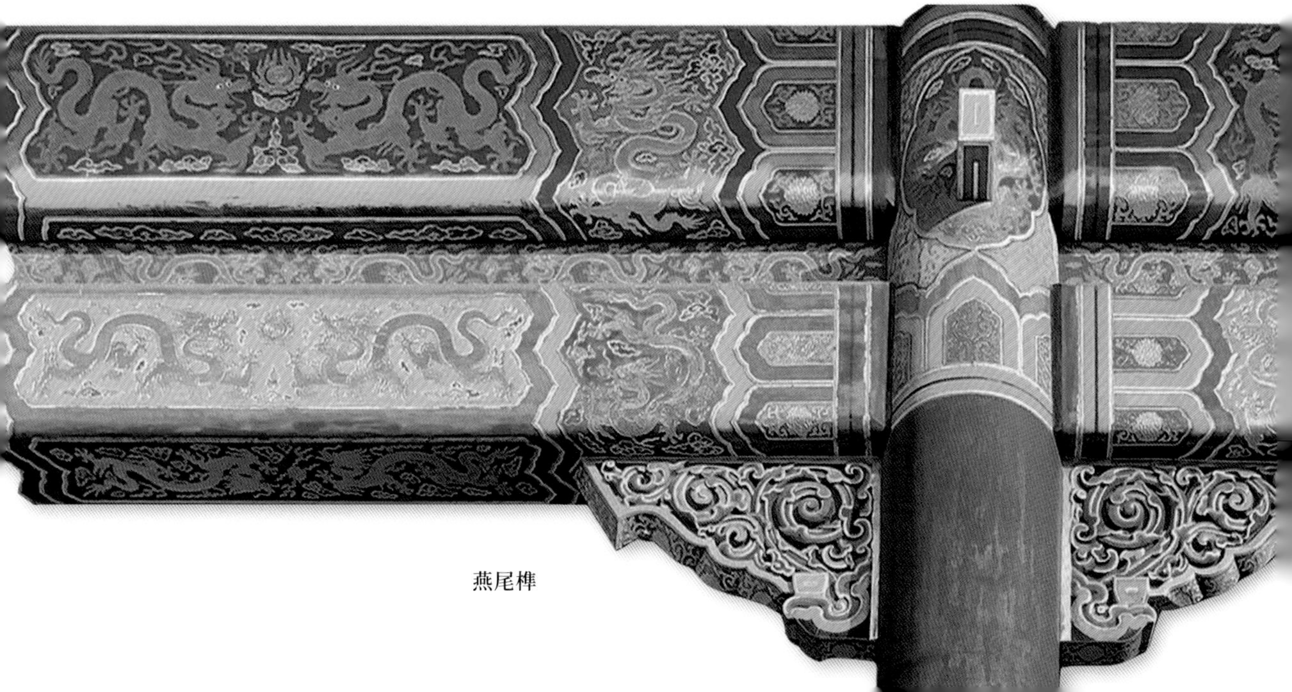

燕尾榫

典型的榫卯节点类型

太和殿榫卯节点形式非常丰富，对于水平与竖向的构件连接而言，除了有燕尾榫之外，还有以下类型：

馒头榫

用于柱头与梁头垂直相交，避免柱水平向错动。在柱顶做出凸出的馒头状榫头，在梁头底部对应位置刻出相应尺寸卯口（称为海眼）。

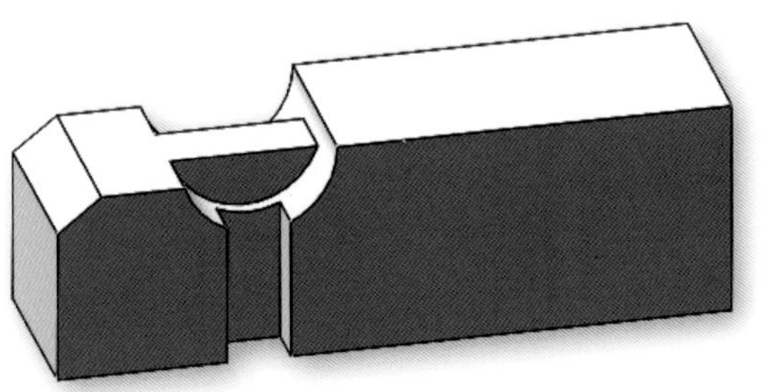

安装前

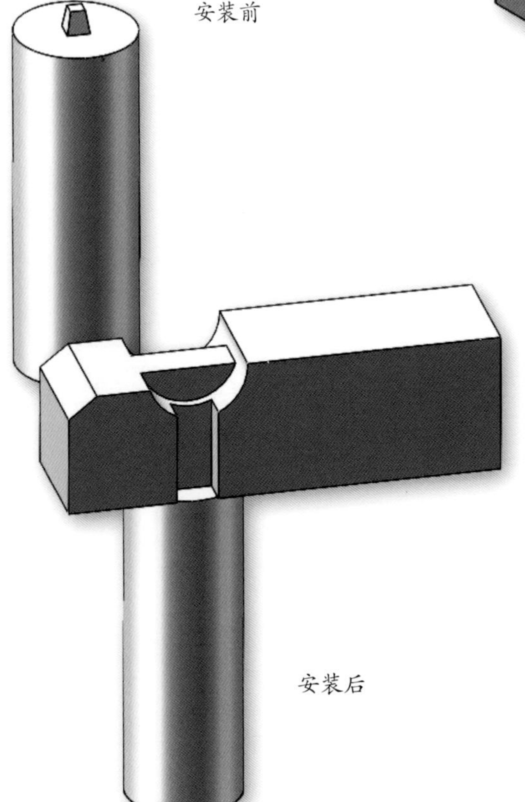

安装后

为美观起见，枋的端部做成优美曲线形式，称为“霸王拳”

安装前

安装后

箍头榫

用于建筑转角部位的柱与枋（梁）相交，其特点为水平向的两根枋正交，而后同时插入柱顶的十字形卯口内。为保证搭接牢固，通常是两根枋本身互为榫卯，互相卡扣；然后再与柱顶十字形卯口卡扣。

使用箍头榫，对于边柱或者角柱而言，既有很强的拉接力，又有箍锁保护柱头的作用。箍头本身还是很好的装饰构件。箍头榫在紫禁城古建筑大木榫卯节点体系中，不论从哪个角度来看，都是运用榫卯搭接技术非常优秀的成功案例。

透榫

用于需要拉结，但又无法用上起下落的方法进行安装的部位。其榫头一般做成大进小出的样式。这种榫头形式，既美观，又能减小榫头对柱子的伤害面。所谓大进小出，即榫头的穿入部分，高度同枋高，而穿出部分，则按穿入部分减半。

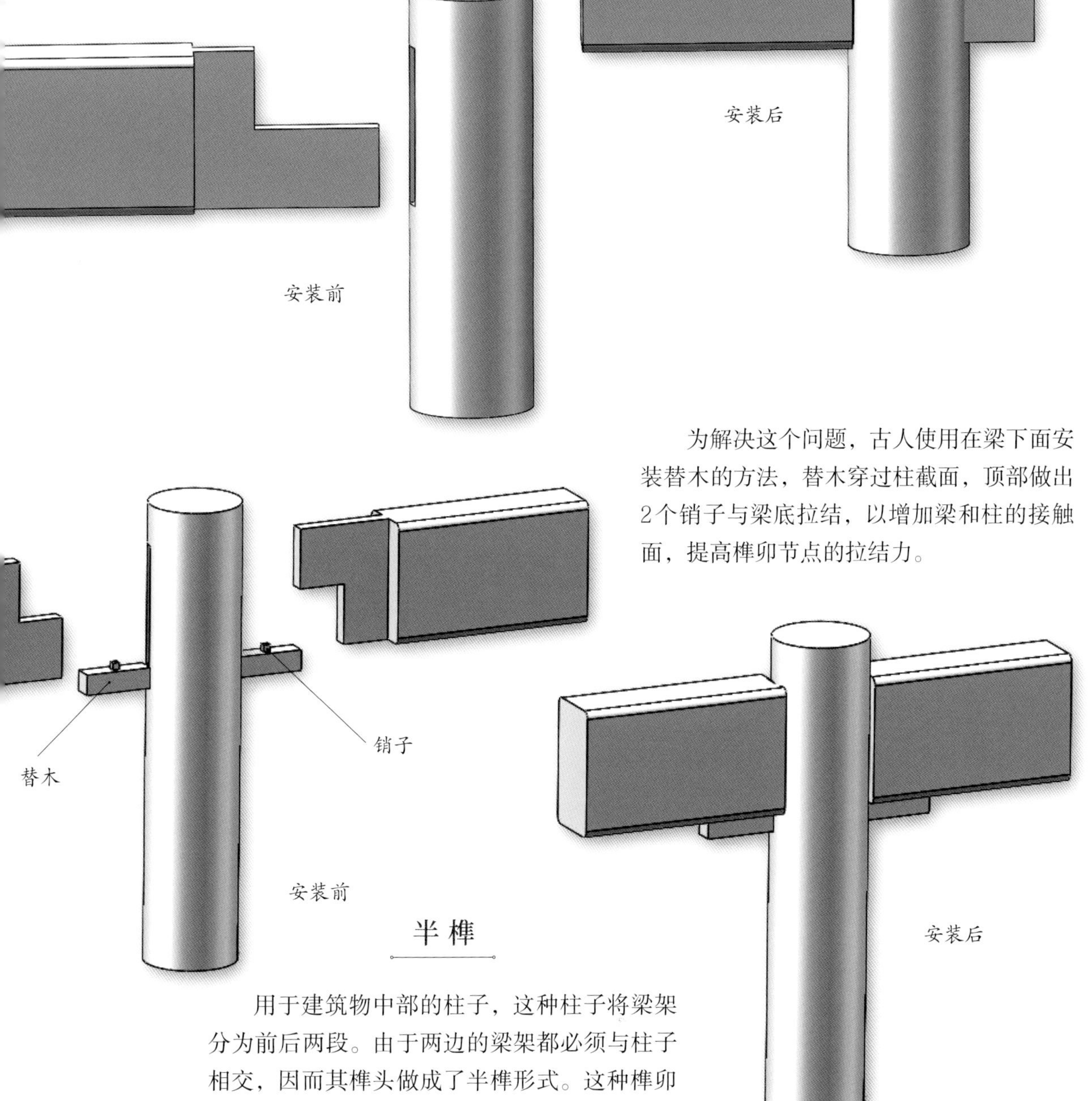

为解决这个问题，古人使用在梁下面安装替木的方法，替木穿过柱截面，顶部做出2个销子与梁底拉结，以增加梁和柱的接触面，提高榫卯节点的拉结力。

半榫

用于建筑物中部的柱子，这种柱子将梁架分为前后两段。由于两边的梁架都必须与柱子相交，因而其榫头做成了半榫形式。这种榫卯节点的拉结作用是很差的，很容易出现拔榫现象使得结构松散。

套顶榫

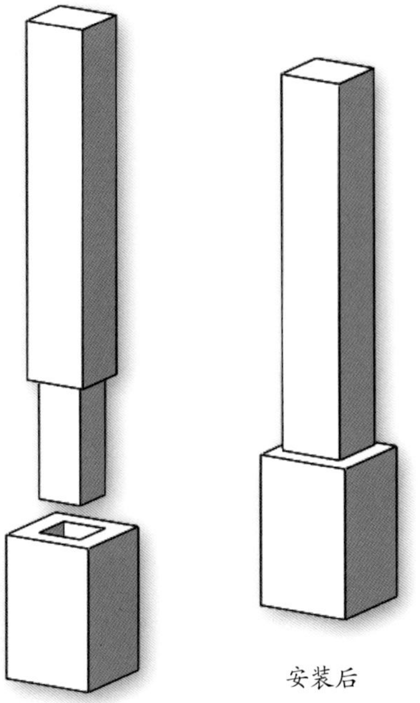

安装前

安装后

十字刻半榫

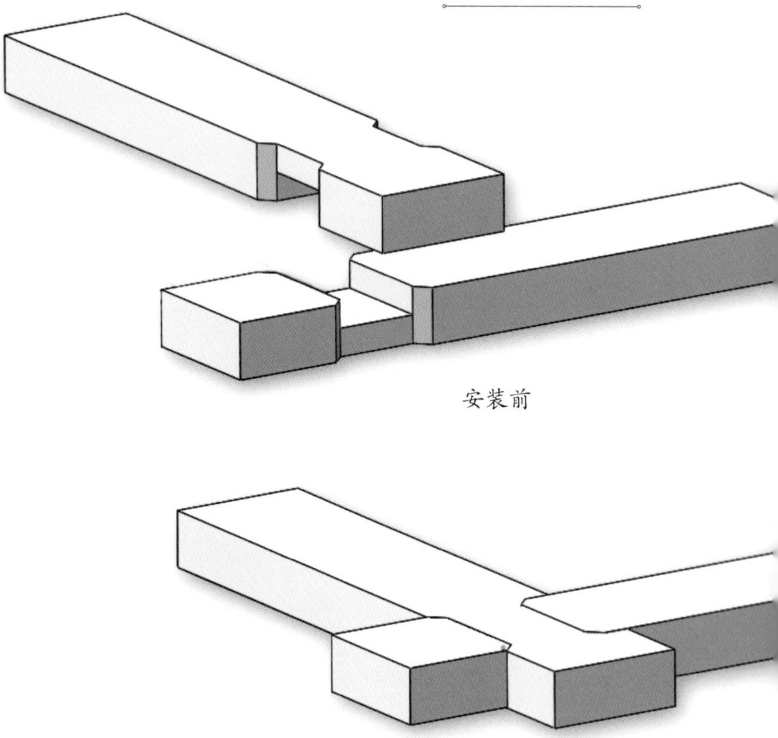

安装前

安装后

榫卯节点的抗震智慧

燕尾榫的榫头与卯口以半刚接方式连接，在地震发生时，榫头和卯口间会发生相对滑移和相对转动，具有很好的抗震作用。

半刚接 即节点不能像铰球一样随意转动（铰接），也不像固定的刚架一样完全无法转动（刚接），而是介于铰球和刚架之间的一种连接方式，其特征为可以转动，但受到一定限制。

半刚接的抗震作用
有限的转动能力有利于减小梁柱构架的晃动幅度。
基于能量守恒原理，地震能量通过半刚接传到古建筑木构架上： 1. 部分转化为木构架的变形能（构架变形）； 2. 部分为构架的内能（内力破坏）； 3. 还有部分转化为构架的动能(榫头与卯口的相对运动)。 也就是说，榫卯节点的运动有利于耗散部分地震能量，减小建筑整体的破坏。

榫卯代表的是一种文化，更是一种精神。古代匠人利用这一独特的技艺创造了众多令人叹为观止的成就，**一凹一凸间散发的是智慧与理性之光。**

榫卯构架的运动状态
地震作用下柱架的运动状态

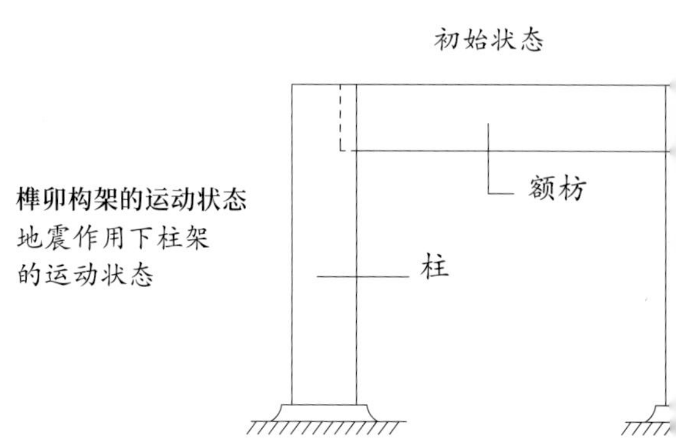

拔榫 地震作用下，榫头与卯口之间发生相对拨出的现象，有时不能正常复位，但榫头与卯口之间始终保持连接的状态。

拔榫但未脱榫的节点

该榫卯节点经过扁铁加固后，仍可正常使用。拔榫非脱榫，也就是说，榫头具有一定的长度，即使其在卯口中不能完全恢复到初始位置，但是因为其本身有一定的长度，仍能搭接在卯口上，使得榫卯节点本身并不受到很严重的破坏，在震后稍加修复即可正常使用。这就是我们看到很多古建筑榫卯节点出现拔榫，但木构架本身仍保持完好的原因。

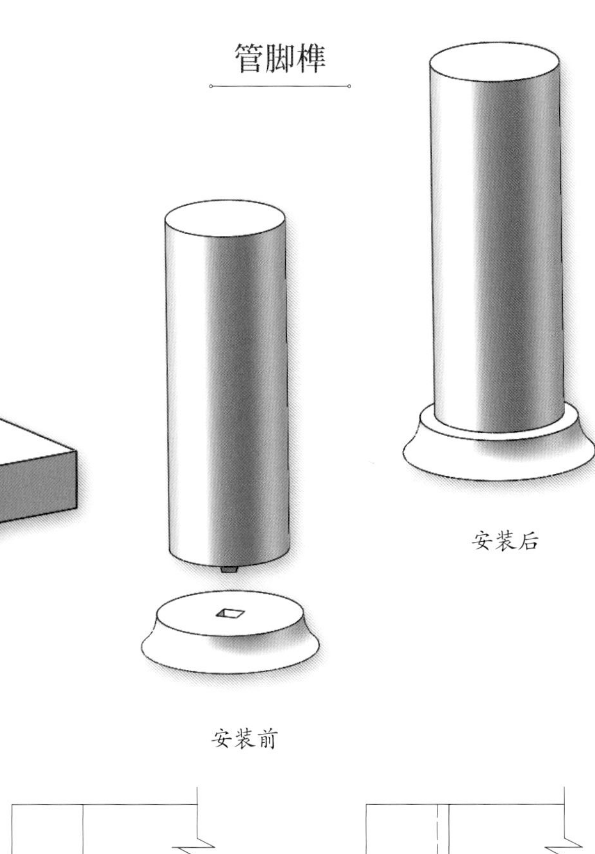

榫卯的相对滑移

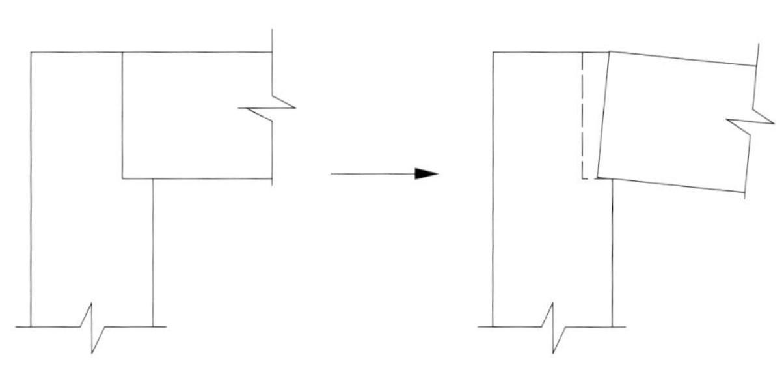

榫卯的相对转动

地震作用下，柱脚抬升，柱身产生倾斜，与额枋之间产生相对变形，柱顶的榫头与卯口之间产生相对滑移和相对转动，从而榫卯节点不断进行挤紧—拔出的开合运动（拔榫），由于榫卯节点数量较多，其间亦耗散了较为可观的地震能量，有利于减小结构的震害。

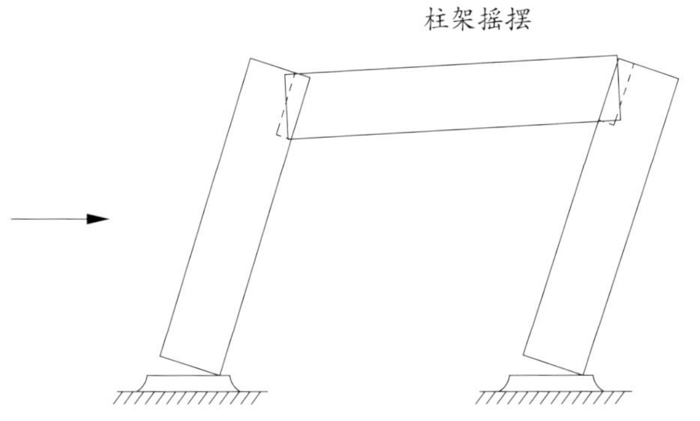

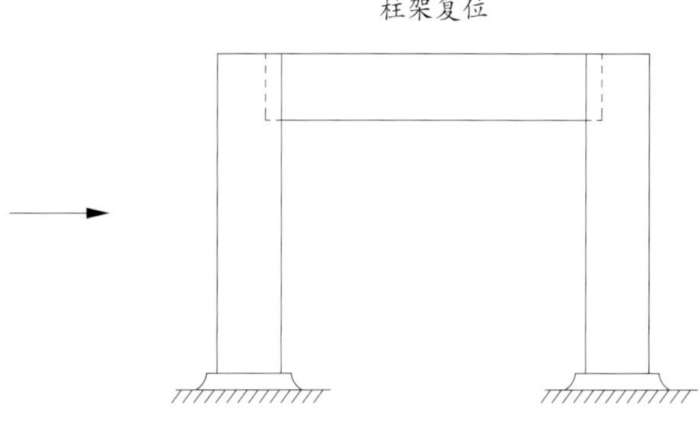

木材

太和殿营建的主要材料为木材。在明代初建时所用木材是楠木。尽管楠木的强度与其他木材相近，但是它有独特香味、不怕虫蚀、不怕糟朽、不易变形，是营造宫殿建筑的绝佳材料。太和殿所用楠木尺寸硕大，最大直径可达2米。

营建紫禁城所用楠木主要来自四川、云南、湖南、湖北、贵州、浙江、山西等地的深山老林中。

由于派采楠木数量多、直径大，多半位于深山老林之中，因此砍伐之后，首先要解决牵拉出山的问题。

然而由于地形条件复杂多变，天时阴晴、水枯水荣不易把握，加上产木之所有些在瘴疠毒雾之乡，都增加了采运的难度。

当时北京城内东西两个大木储存场“神木厂”和“大木仓”材料充足，因此在兴建紫禁城期间，从未出现过停工的现象。

神木厂设在今崇文门外。据《明史·成祖本纪》记载，永乐四年（1406），被派往四川寻找木材的礼部尚书宋礼向永乐帝朱棣禀报，说某天晚上看到了很多大木料自峡谷漂到了长江。朱棣认为这是神的旨意，因此把开采这些大木的山称为神木山，并派遣官员进山祭祀。这些大木运到北京后，存放它们的地方被称为神木厂。

大木仓，现在北京城内西单稍北的大木仓胡同，就是600多年前为营建宫殿所设储存大木的地方。大木仓有仓房3600间，保存条件良好，到明正统二年（1437），仍有库存木材38万根之多。

太和殿在明代初建时的木作负责人是蒯祥。蒯祥原是苏州吴县的木工巧匠。据康熙《苏州府志》和《吴县志》的记载，永乐十五年（1417）应召到北京，当时只有二十岁。后来北京宫殿、皇陵及文武诸司等，多是蒯祥主持营造。蒯祥善于制作图样，每个图样都能让皇帝满意。据说他能左右手同时画龙，两条龙合并后犹如一条龙。他绘图非常能把握准度，表面似乎漫不经心，实际上绘制好的图准确度不差毫厘。蒯祥刚进宫时被称为“木工工头”，后被任命为营缮所丞（官名，正九品），后又多次升迁，官至工部左侍郎（官名，正三品），破格享受正二品俸禄，后又享受从一品俸禄。至明宪宗时（约1477），蒯祥已经八十多岁了，但仍然在朝廷做官，享受丰厚俸禄。皇帝不叫他的姓名，亲切地称他“蒯鲁班”。

明代人文地理学家王士性在《广志绎》中记载道：中国四川、贵州、广东、广西一带产楠木。这些天然生长的楠木似乎专门为宫廷建筑所生，其体型硕大，枝繁叶茂，与普通杉木下粗上细不同，它们高达十多丈（明代1丈=3.16米），且树的上下直径一般粗。

明嘉靖年间，前朝三大殿遭受雷击后复建，工部右侍郎刘伯跃奉命采办木料，并撰写一部奏疏汇编，称为《总督采办疏草》。疏草中多次提到起吊运输方式，一般是借助器械拖到山溪河道旁，再筑坝蓄水，通过水路逐渐运到较大的河网内，直到进入长江。如《辽襄二府献木疏》记载道：工人们通过搭设天梯、天车，架桥、铺设轨道等方式，才将木料运到水边；《簰运事宜疏》记载道：即使将木料运到了水边，还需等水涨高，才能将木料运走，有时采取凿石筑坝的方式存水，然后再泄水将木料运走。而《案行三省督木郎副会祷雨泽》记载道：当天气总是保持晴朗、溪水干涸时，为防止奸商嫌木料

百姓冒险进山采木，很多人为此丢了性命，后世有**"入山一千，出山五百"的说法**，形容采木所付出的生命代价。

重而不愿拖运，或工人偷懒延误工期，负责的官员往往会在古洞名山里写祈祷文求雨。

意大利传教士利玛窦于明万历年间来华，在《利玛窦中国札记》中描述了紫禁城宫殿建筑修缮所需木材的运输方式：神父们在运河边看到把梁木捆在一起的巨大木排和满载木材的船，由数以千计的人拉着沿岸跋涉。有些一天只能走五六英里。像这样的木排来自遥远的四川省，两三年才能运到首都。

第四章

斗拱

斗拱是位于柱顶之上、屋檐之下的由斗形和弓形的木构件在纵横方向搭扣连接，尔后在竖向又层层叠加起来的组合木构件，其外形犹如撑开的伞。斗拱最初是为了满足高大宫殿屋顶出檐深远的要求而创造的，初始功能是支撑屋檐，并把屋顶的重量往下传递给柱子。后在实践过程中其构造由简单到复杂，功能由纯粹的支撑到集建筑力学、美学于一体。

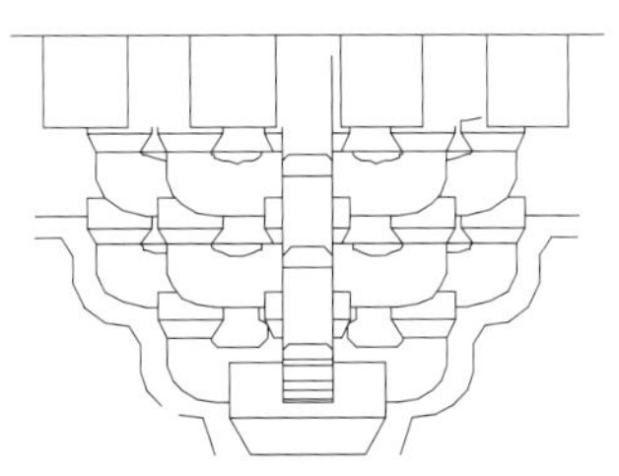

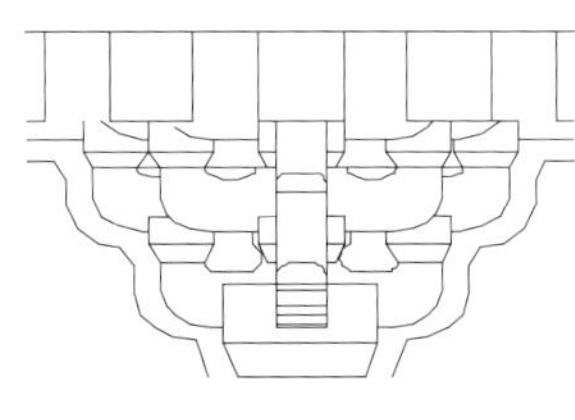

斗拱的最高形制

太和殿斗拱是明清时期斗拱的最高形制。太和殿有两层屋檐，从做法上讲，一层斗拱为单翘重昂七踩式，其中平身科、角科斗拱还属溜金做法。二层檐斗拱属单翘三昂九踩式。

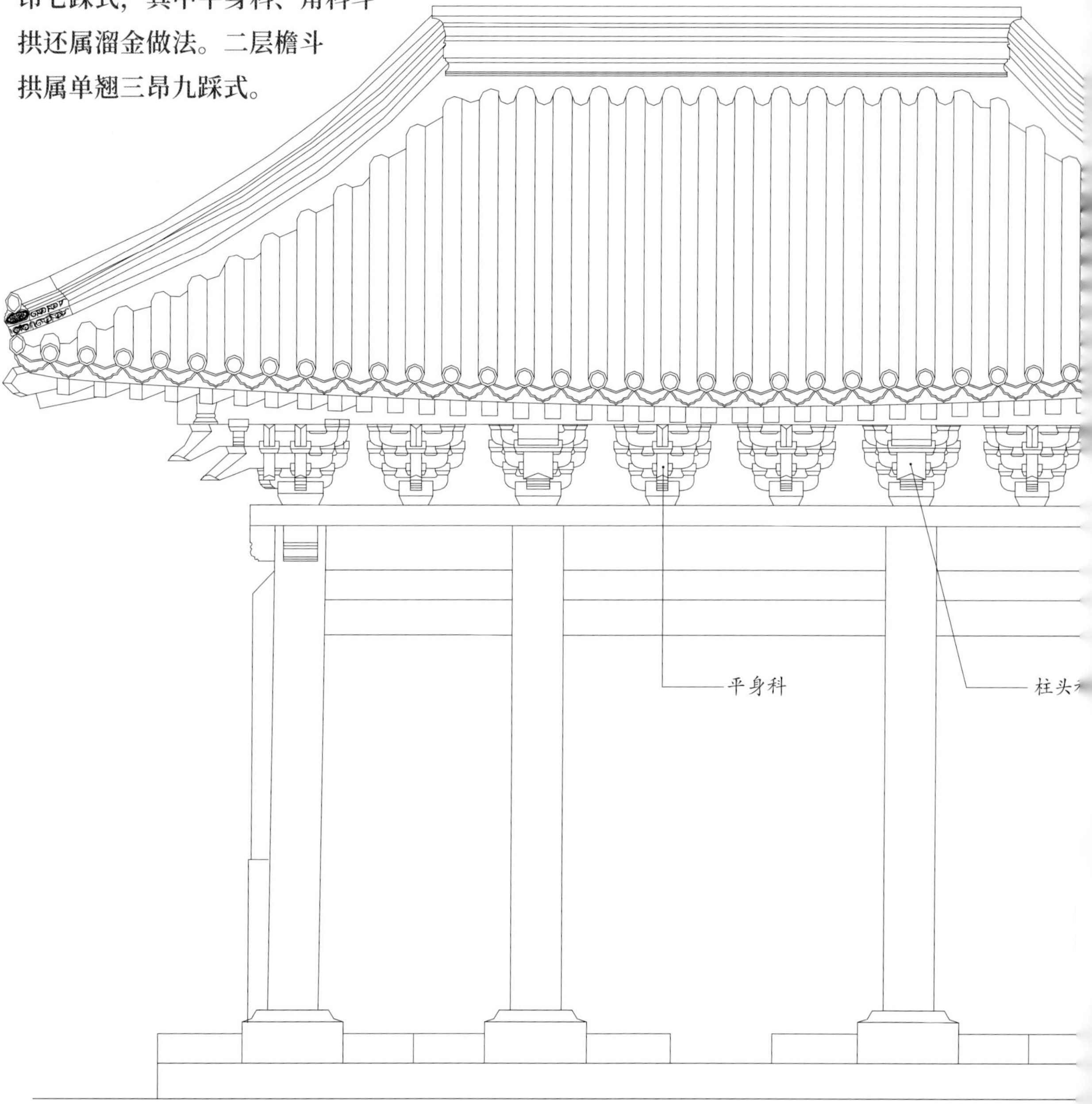

角科斗拱

平身科

柱头科

一层、二层斗拱

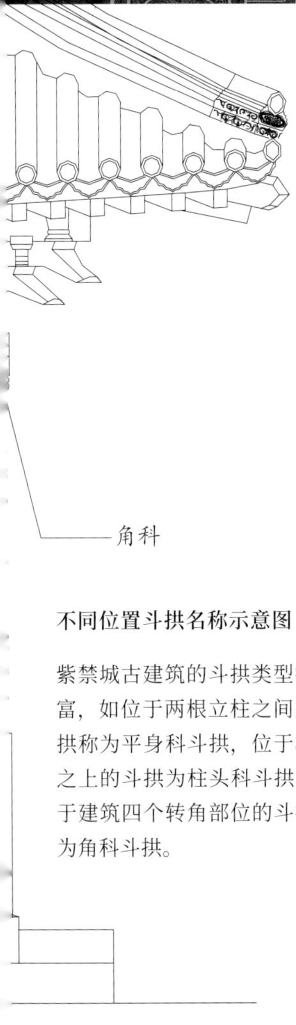

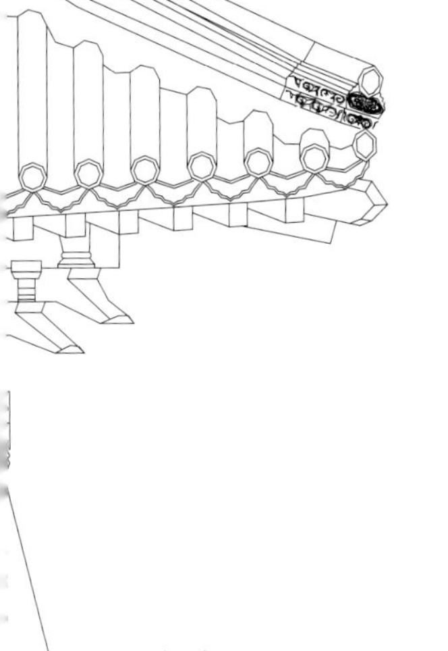

不同位置斗拱名称示意图

紫禁城古建筑的斗拱类型很丰富，如位于两根立柱之间的斗拱称为平身科斗拱，位于柱顶之上的斗拱为柱头科斗拱，位于建筑四个转角部位的斗拱称为角科斗拱。

柱头科的斗拱

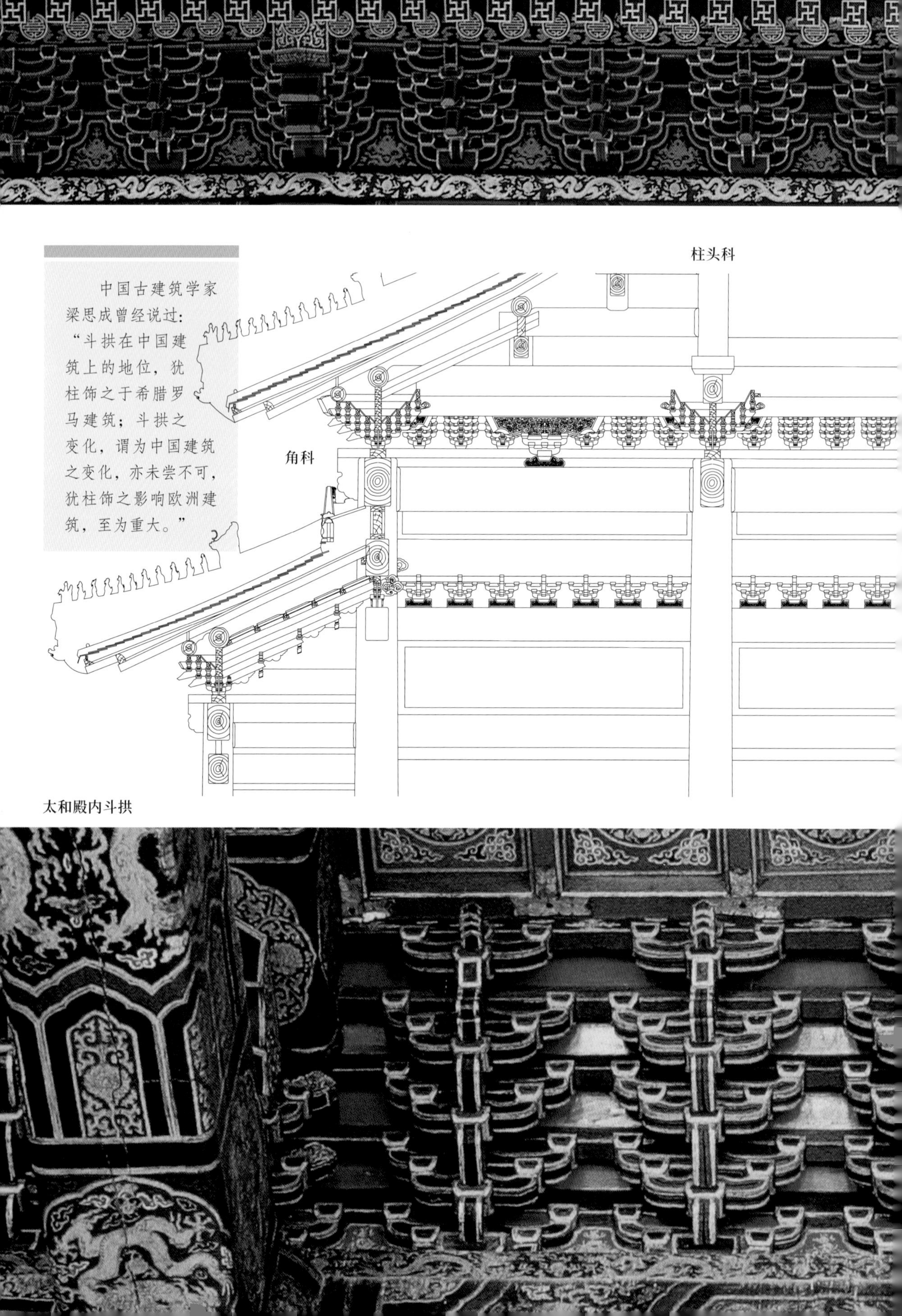

中国古建筑学家梁思成曾经说过："斗拱在中国建筑上的地位，犹柱饰之于希腊罗马建筑；斗拱之变化，谓为中国建筑之变化，亦未尝不可，犹柱饰之影响欧洲建筑，至为重大。"

太和殿内斗拱

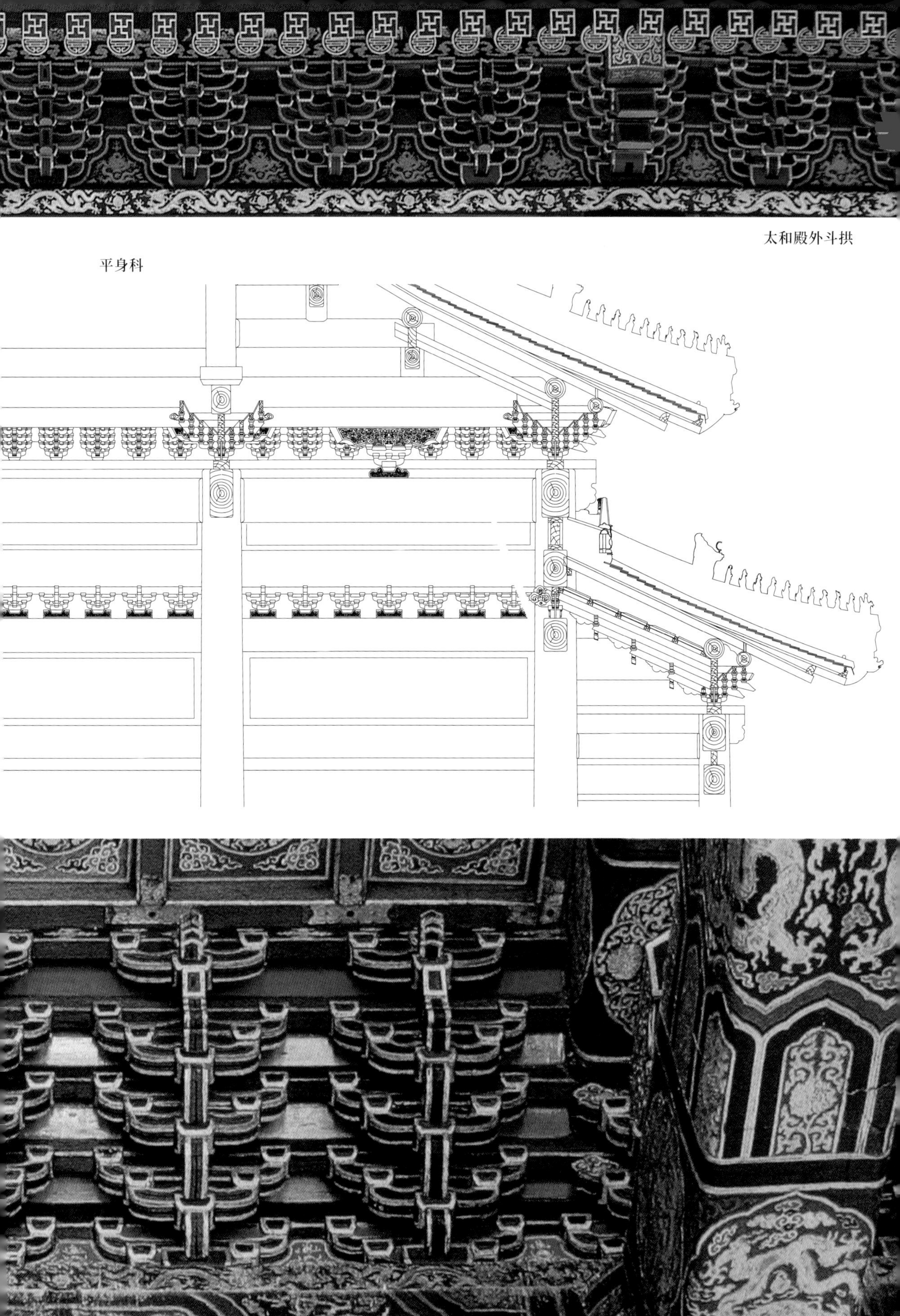

太和殿外斗拱

拱

木块上方沿着屋檐方向叠加长方形的垫木，这些长方形的垫木因审美需要逐渐变成弓形，形成了斗拱纵向的重要构件——拱。

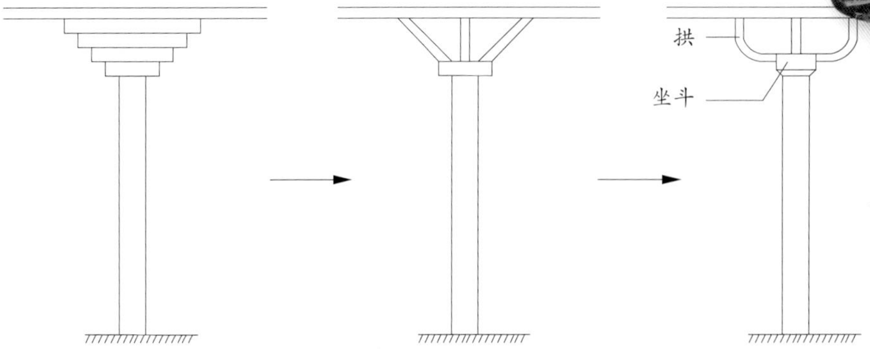

拱
坐斗

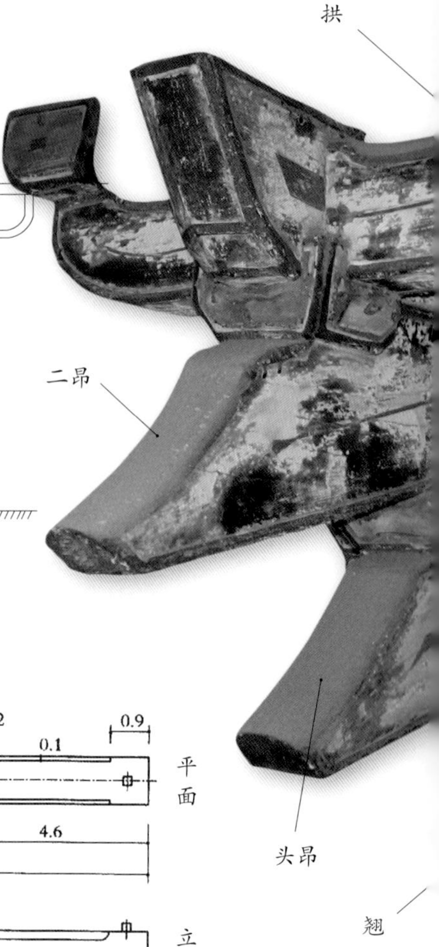

斗拱纵向构件之“拱”的演变 为了增强柱顶部位支撑屋檐的强度，柱顶之上增加了斗形木块。

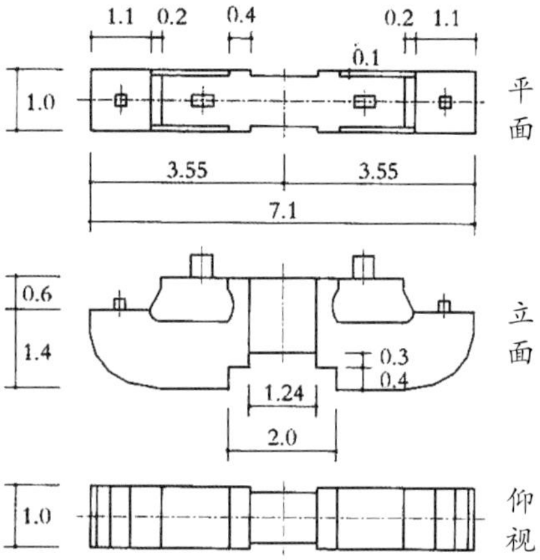

拱
二昂
头昂
翘

头翘

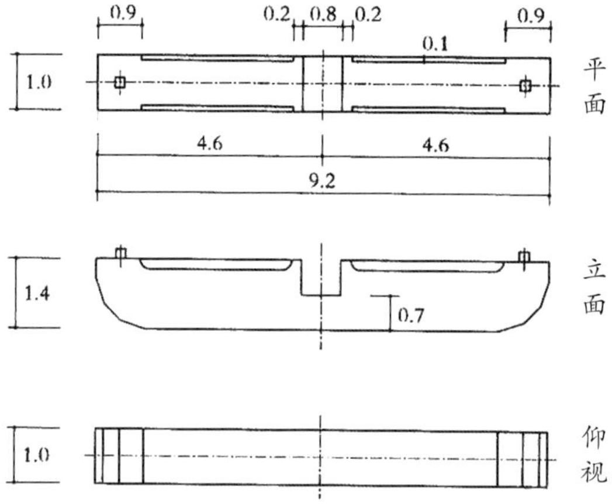

单才万栱

屋檐
附加立柱

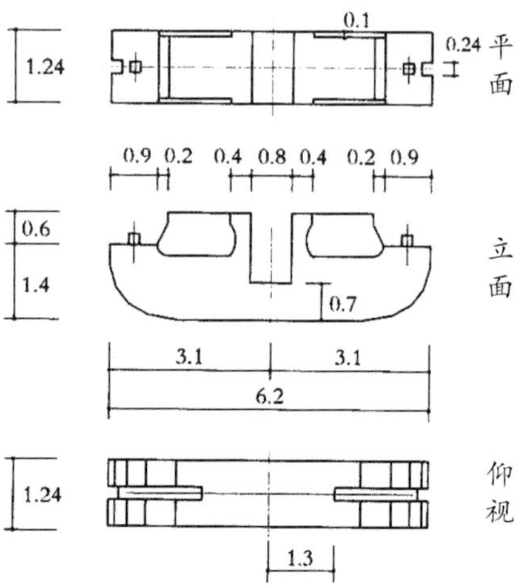

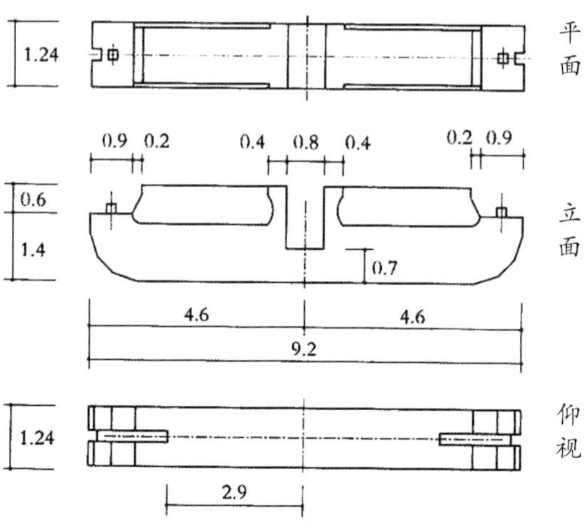

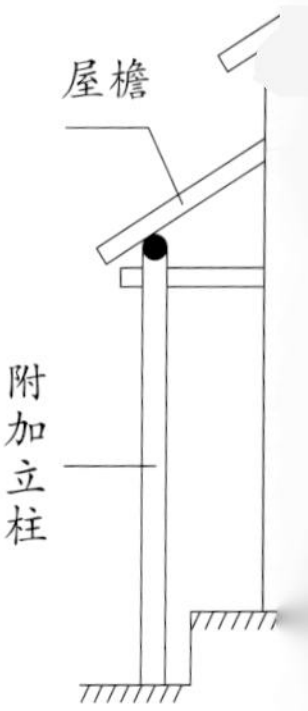

斗拱双昂做法

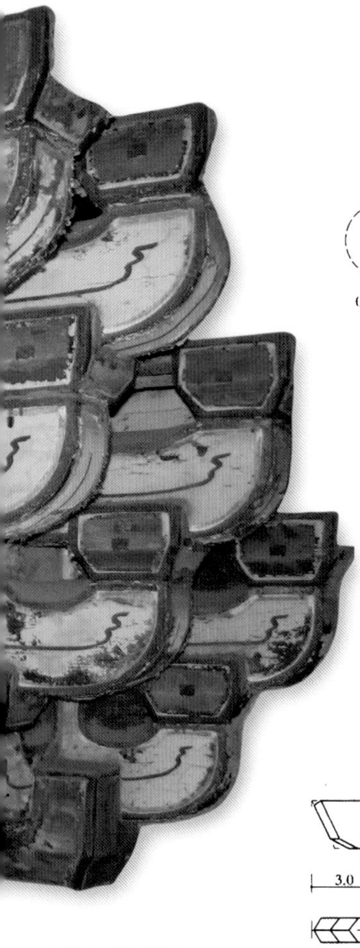

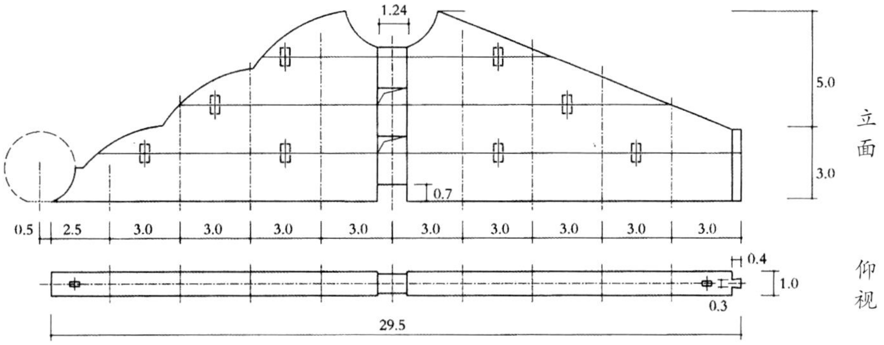

立面
仰视

桁椀

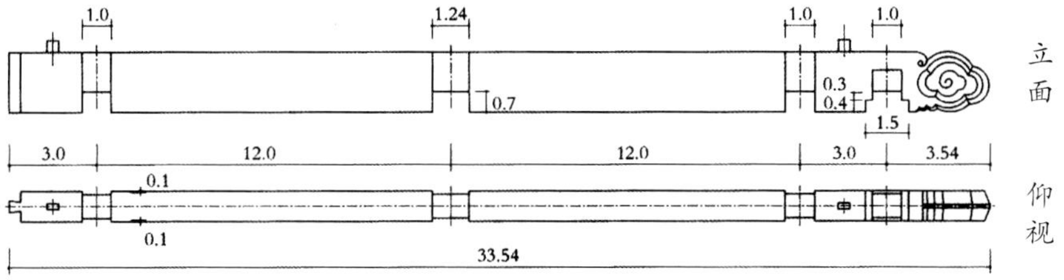

立面
仰视

撑头木后带麻叶头

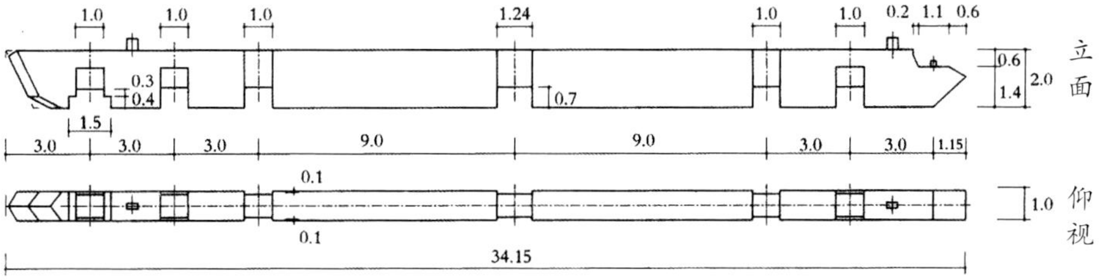

立面
仰视

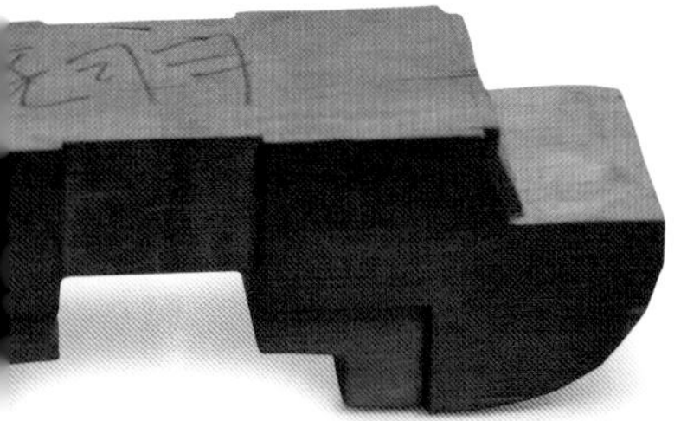

翘

翘是斗拱的构件之一，位于斗拱最底层的坐斗之上，安装方向与视线方向平行。在斗拱中，翘可以是一个，称为“单翘”；也可以是两个，称为“重翘”。

斜撑
短斜撑
翘

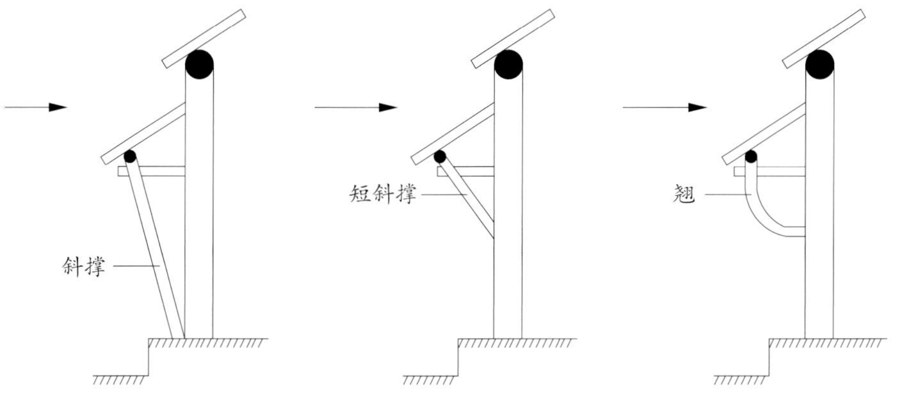

斗拱横向构件之“翘”的演变

早期的宫殿建筑中，往往采用斜撑的木柱来支撑宽大的屋檐，斜撑分别设于屋檐的前后方。而为了避免落地的斜撑受雨水侵蚀，其下支点便离开了地面，称为短斜撑，并随着审美需求逐渐被弯曲的木料替代，形成了今天斗拱的横向重要构件——翘。

昂

昂为斗拱构件之一，位于翘之上，安装方向与翘相同。昂可以安装一个，称为单昂；也可以安装两个，称为双昂；还可以安装三个，称为三昂。

斗拱单昂做法

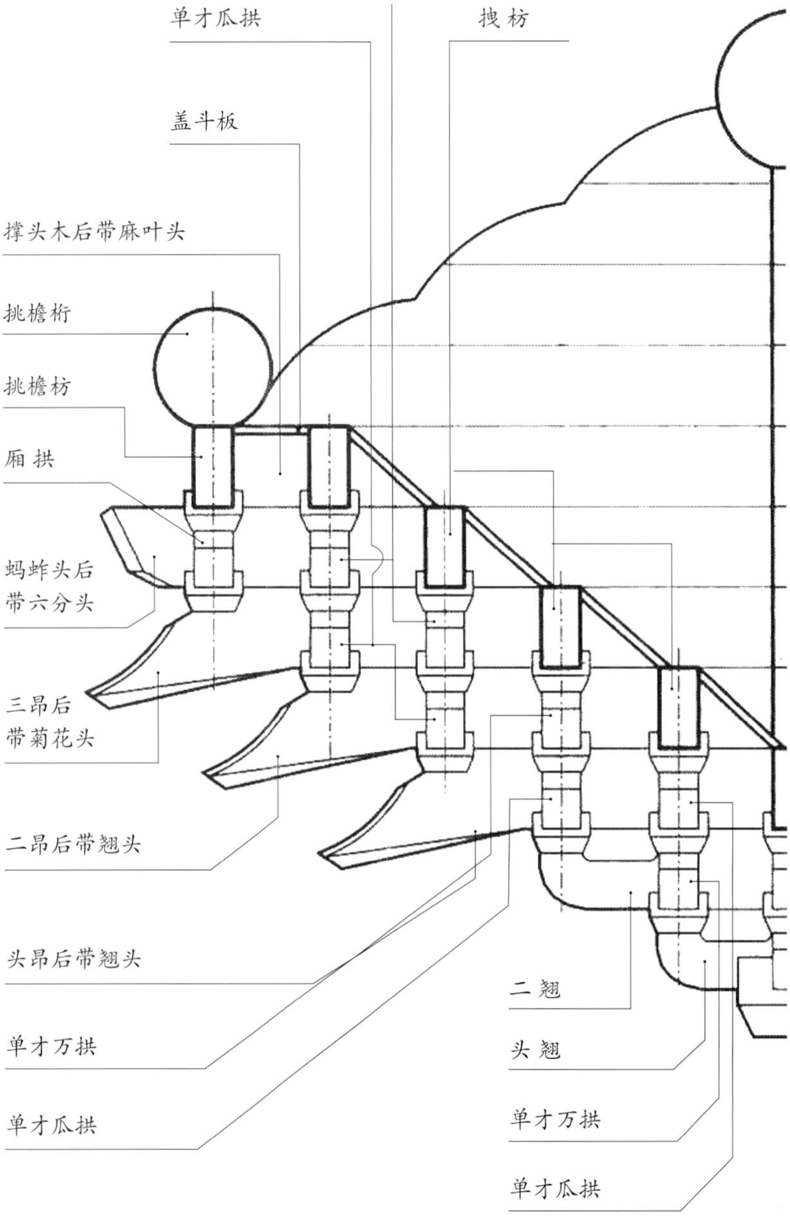

单才瓜拱
拽枋
盖斗板
撑头木后带麻叶头
挑檐桁
挑檐枋
厢拱
蚂蚱头后带六分头
三昂后带菊花头
二昂后带翘头
头昂后带翘头
单才万拱
单才瓜拱
二翘
头翘
单才万拱
单才瓜拱

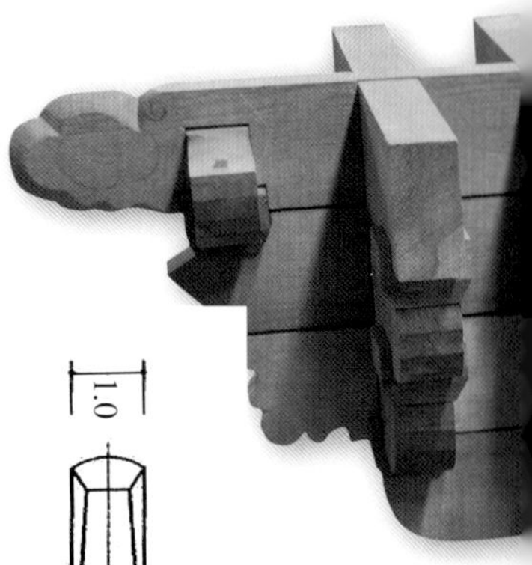

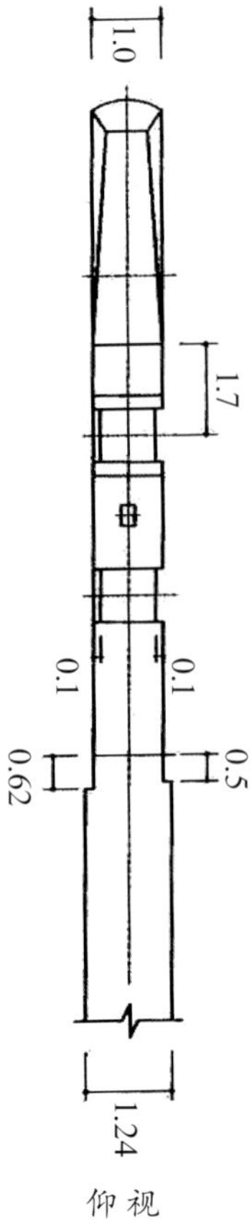

1.0
1.7
0.1
0.1
0.62
0.5
1.24
仰视

1.0
3.3
2.0
1.0
1.0

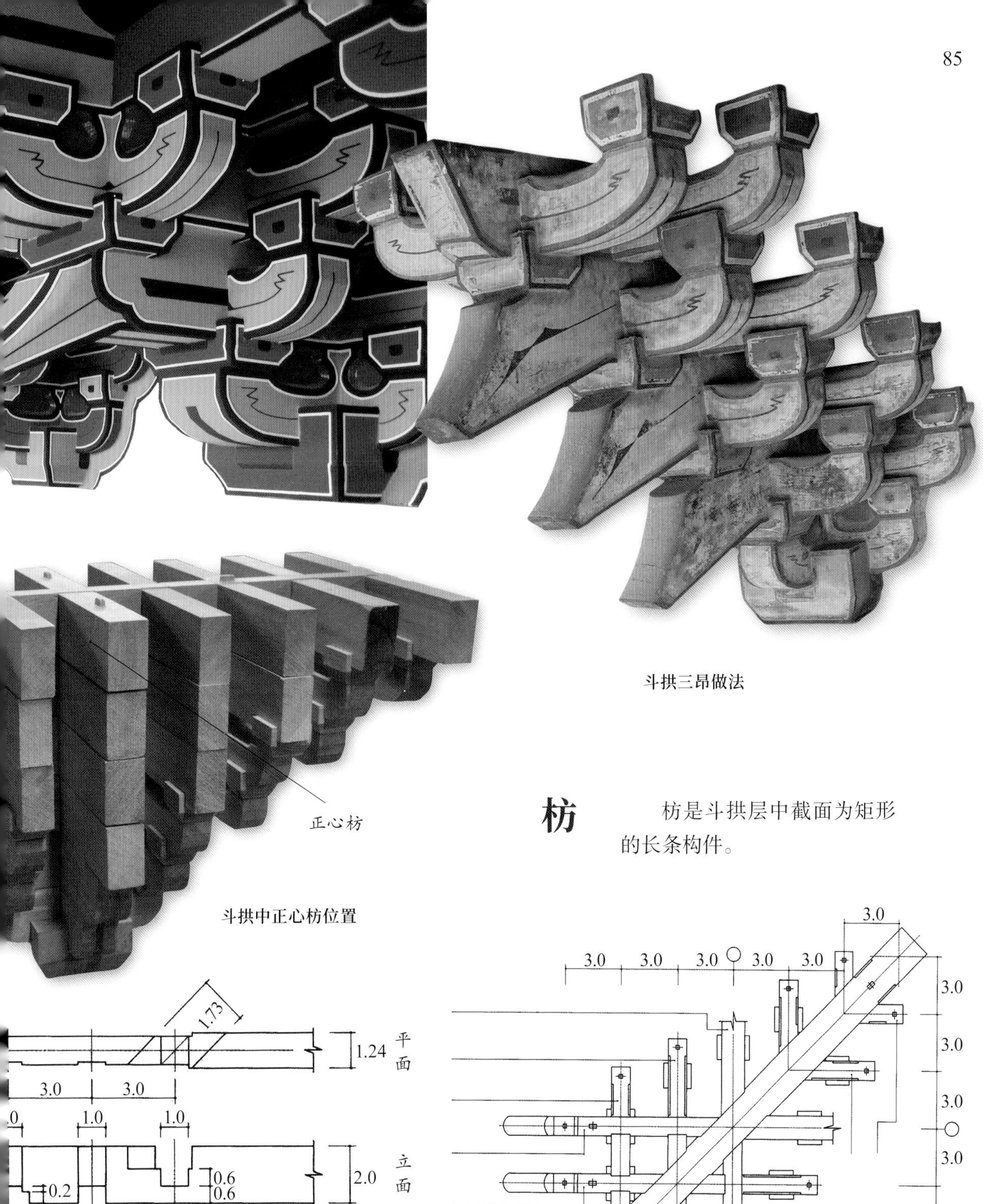

斗拱三昂做法

斗拱中正心枋位置

枋 枋是斗拱层中截面为矩形的长条构件。

搭角正头昂后带正心枋一

第四层平面

出踩

太和殿斗拱从中心开始，向内外两侧挑出，每挑出一步（一个跨度），称为出一踩。由最底部的坐斗正中心开始，斗拱向外出挑一次，称为“三踩”；出挑二次，称为“五踩”；出挑三次，称为“七踩”；出挑四次，称为“九踩”。

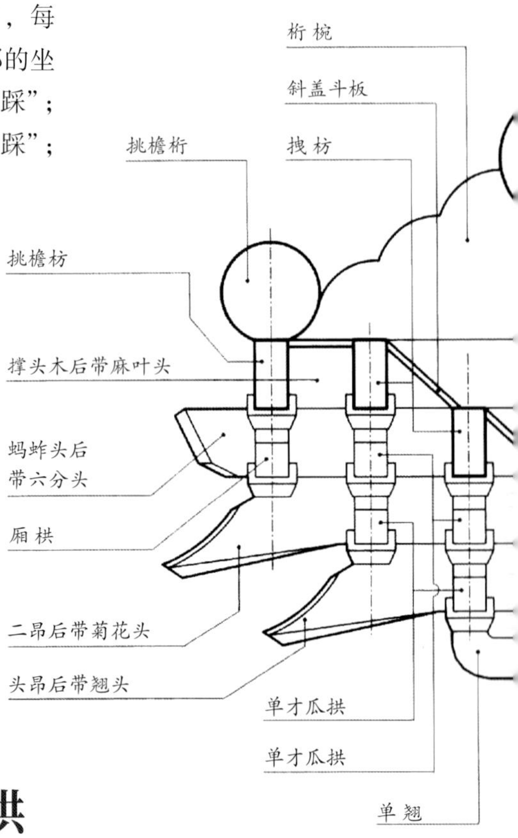

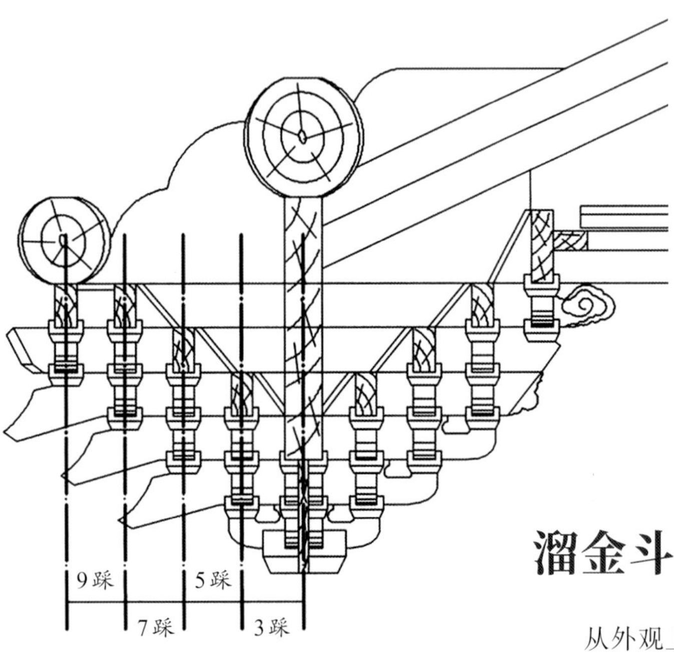

9 踩
5 踩
7 踩
3 踩

斗拱出踩示意图

桁椀
斜盖斗板
挑檐桁
拽枋
挑檐枋
撑头木后带麻叶头
蚂蚱头后
带六分头
厢拱
二昂后带菊花头
头昂后带翘头
单才瓜拱
单才瓜拱
单翘

溜金斗拱

从外观上看，太和殿溜金斗拱与普通斗拱做法相近，但自要头以上，斗拱的后尾变长，并向上起翘，一直延伸到下金桁。

太和殿一层斗拱做法形式以单翘重昂七踩溜金斗拱为主，内檐做成秤杆形式落在底层花台枋上。

太和殿一层溜金斗拱殿内部分

正心桁

正心枋

拽枋

盖斗板

井口枋

厢拱

单才瓜拱

单才瓜拱

正心万拱

正心瓜拱

斗

一攒

攒是指一个斗拱整体。

太和殿一层外檐斗拱主要包括平身科、柱头科和角科三种斗拱。其中，平身科斗拱位于两柱之间，共一百七十攒；柱头科斗拱位于柱顶（角柱除外），共二十八攒；角科斗拱位于角柱柱顶，共四攒。

一攒斗拱线图

太和殿二层外檐上檐斗拱的主要类型包括平身科、柱头科和角科斗拱等三种。其中平身科斗拱位于柱间，共一百四十六攒；柱头科斗拱位于柱顶（不含转角部位），共十六攒；角科斗拱位于转角部位柱顶，共四攒。

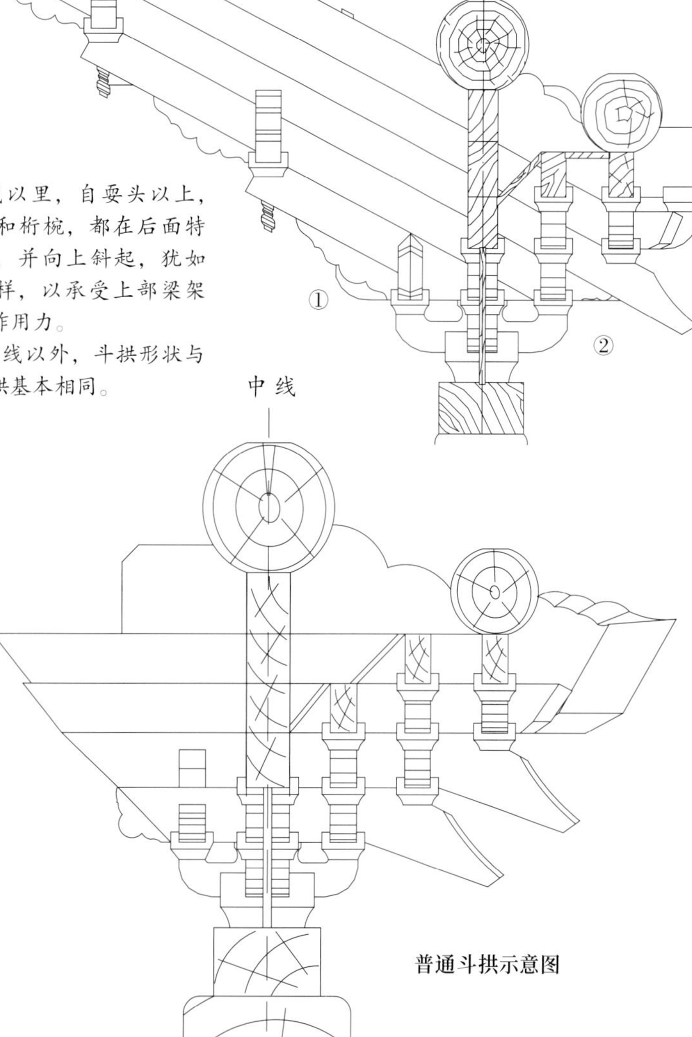

神武门溜金斗拱示意图　在这里，中线即屋檐的竖向分界线，中线右边为外檐，中线左边为内檐。

① 中线以里，自耍头以上，连撑头和桁椀，都在后面特别加长，并向上斜起，犹如秤杆一样，以承受上部梁架传来的作用力。
② 自中线以外，斗拱形状与普通斗拱基本相同。

普通斗拱示意图

外檐出挑尺寸为 0.69 米
斗拱高度为 0.87 米

溜金斗拱既保留了传统的“铺作”（宋代对斗拱的称呼）形制，而且在结构上有一定程度改变，对结构稳定有一定的促进作用。从传力角度讲，与一般形式的斗拱不同在于：

太和殿溜金斗拱做法巧妙地利用不等臂杠杆平衡原理，使斗拱支撑前檐屋顶重量并保证斗拱自身稳定性。且斗拱后尾层层叠合，采用伏莲销来拉接上下层斗拱构件，增大了后尾受剪截面，减小了斗拱产生剪切破坏的可能性。

平身科斗拱

一层平身科斗拱外侧立面

一层平身科斗拱外正立面

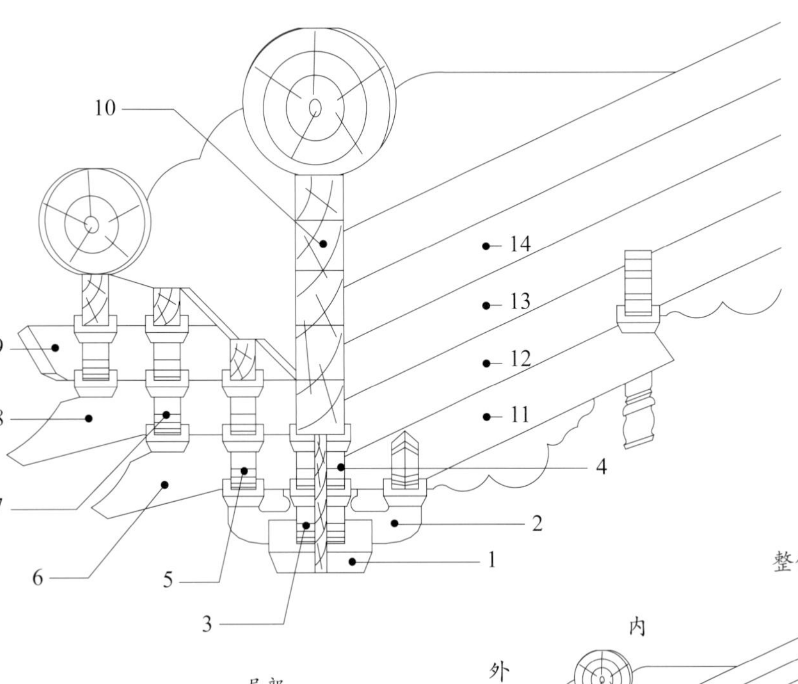

局部

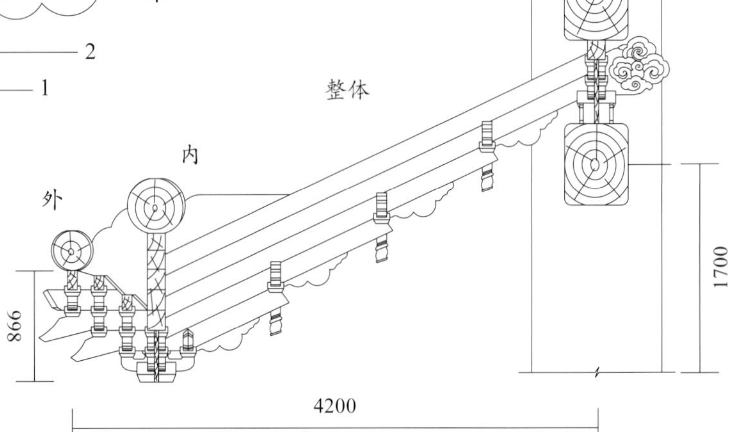

太和殿一层平身科斗拱纵剖图（单位：mm）

1-坐斗；2-头翘；3-正心瓜拱；4-正心万拱；5-单才瓜拱；6-头昂；7-单才万拱；8-二昂；9-蚂蚱头；10-正心枋；11-头昂后尾；12-二昂后尾；13-蚂蚱头后尾；14-撑头木后尾

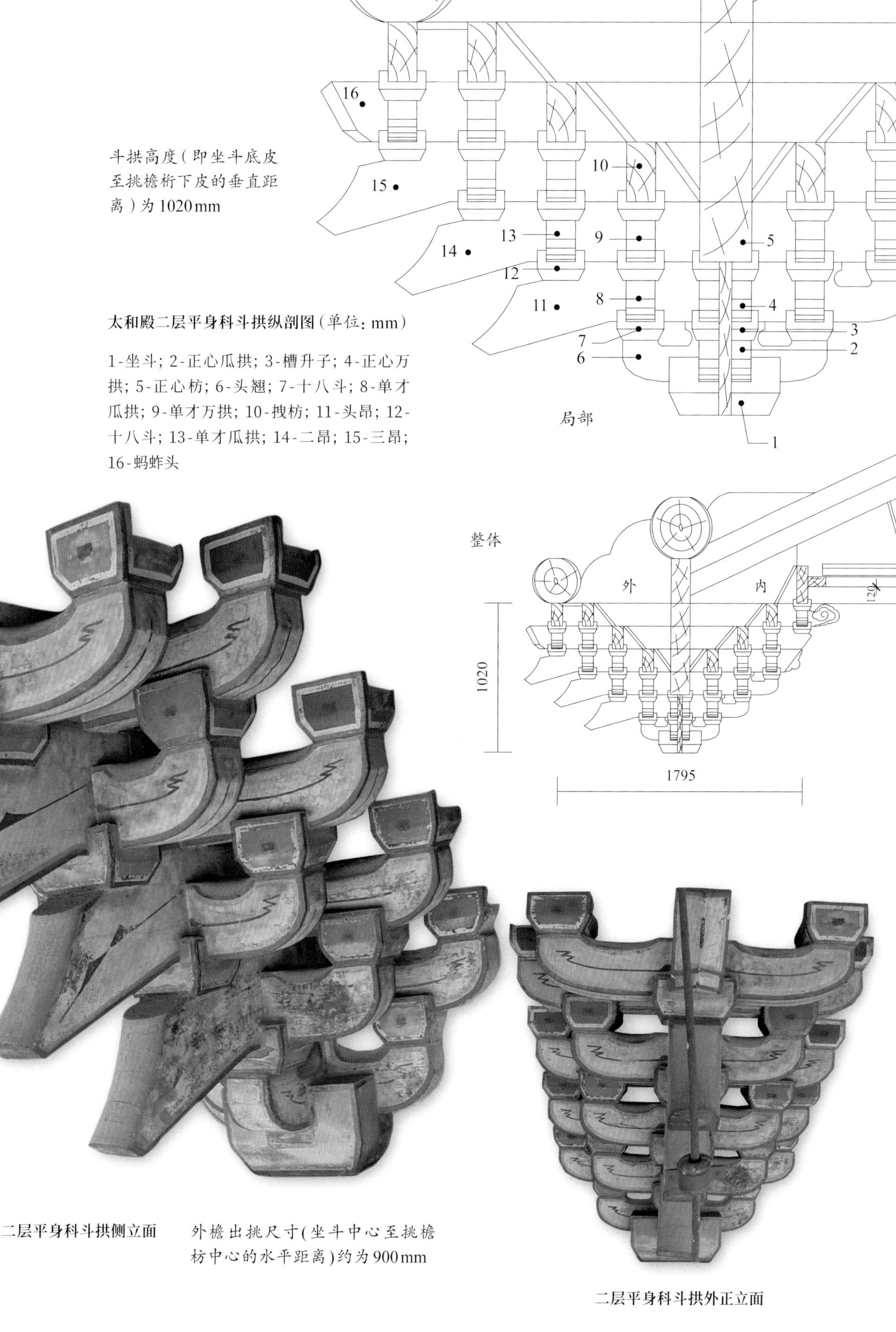

太和殿二层平身科斗拱纵剖图（单位：mm）

1-坐斗；2-正心瓜拱；3-槽升子；4-正心万拱；5-正心枋；6-头翘；7-十八斗；8-单才瓜拱；9-单才万拱；10-拽枋；11-头昂；12-十八斗；13-单才瓜拱；14-二昂；15-三昂；16-蚂蚱头

二层平身科斗拱侧立面

二层平身科斗拱外正立面

柱头科斗拱

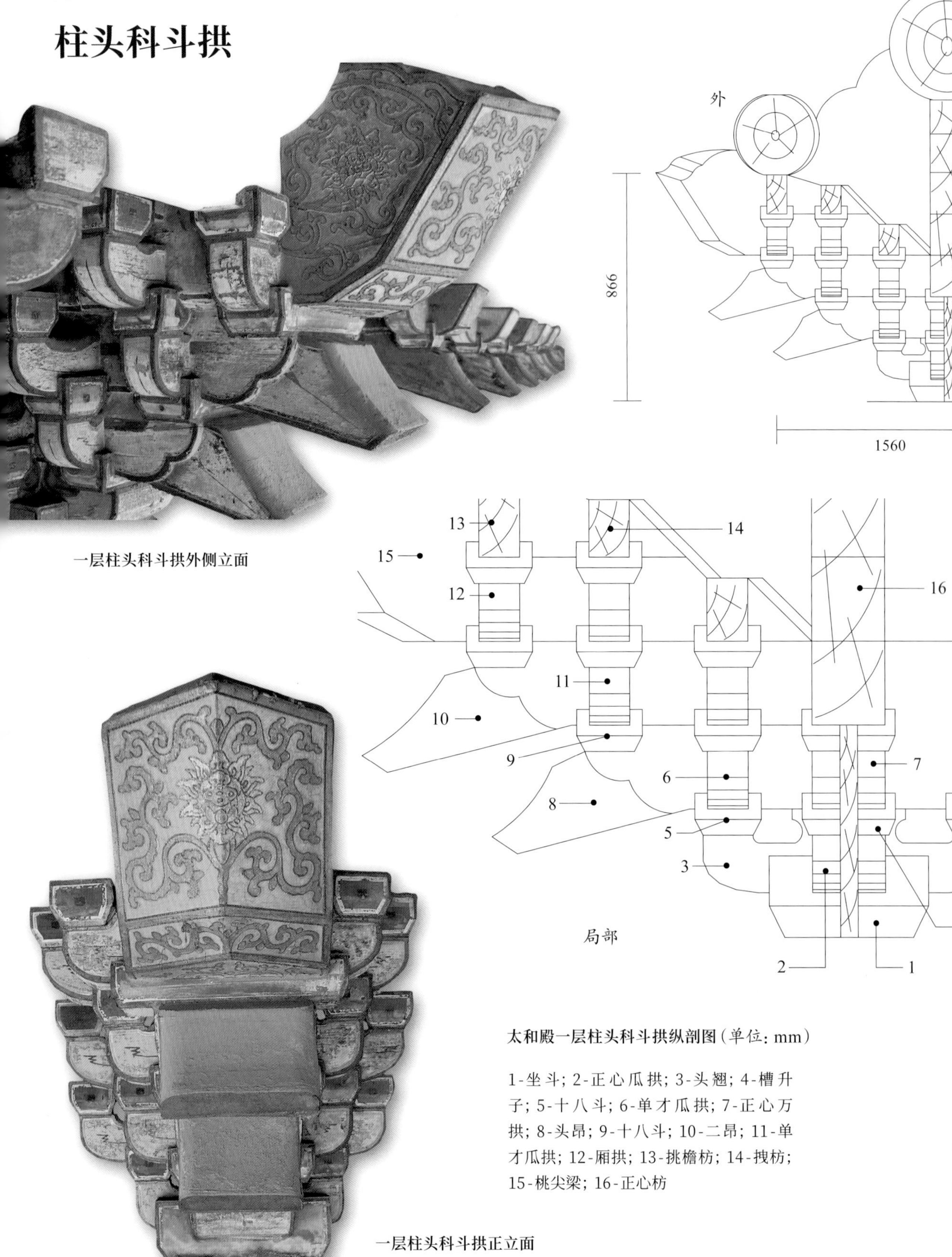

一层柱头科斗拱外侧立面

一层柱头科斗拱正立面

太和殿一层柱头科斗拱纵剖图（单位：mm）

1-坐斗；2-正心瓜拱；3-头翘；4-槽升子；5-十八斗；6-单才瓜拱；7-正心万拱；8-头昂；9-十八斗；10-二昂；11-单才瓜拱；12-厢拱；13-挑檐枋；14-拽枋；15-桃尖梁；16-正心枋

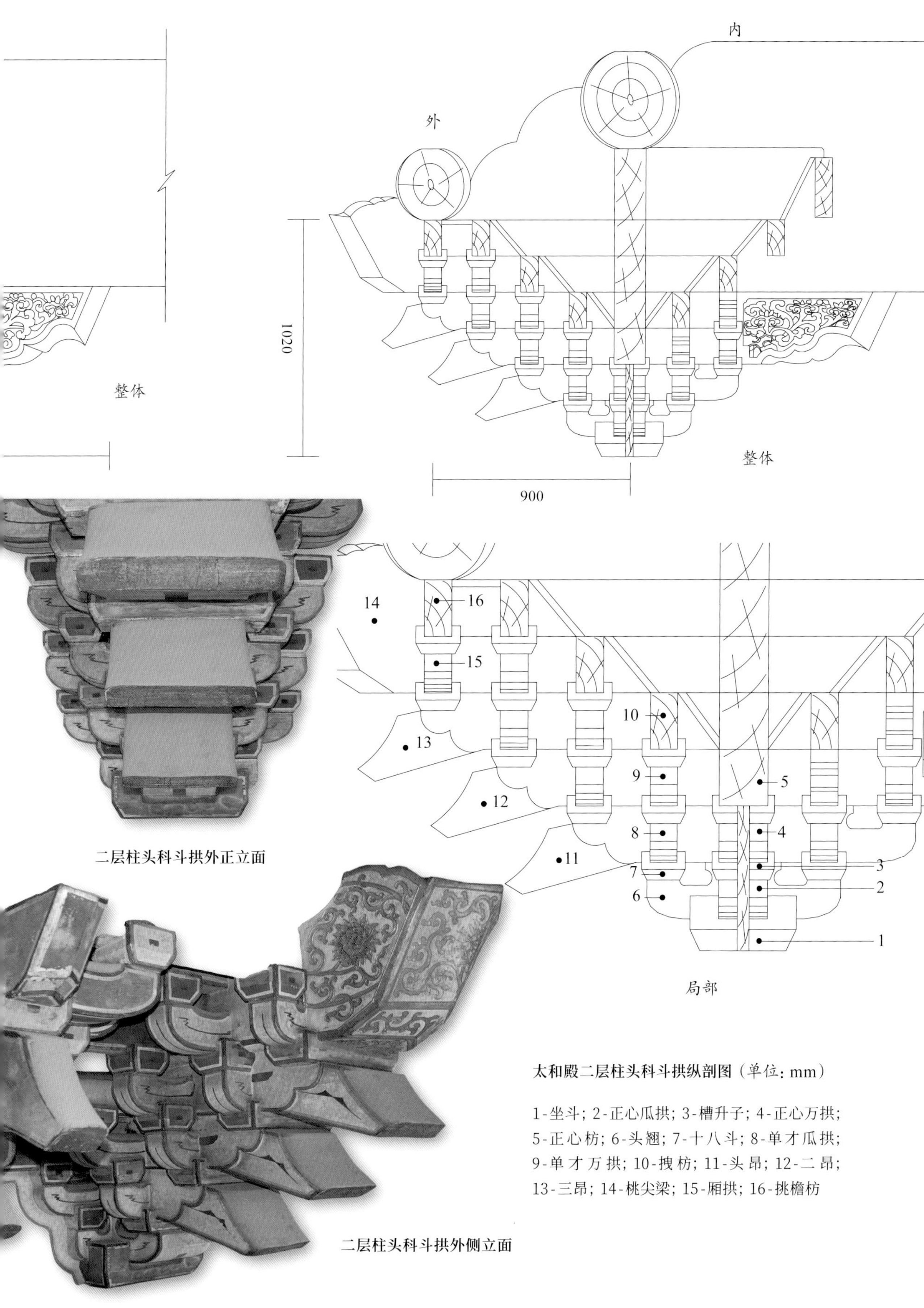

二层柱头科斗拱外正立面

二层柱头科斗拱外侧立面

太和殿二层柱头科斗拱纵剖图（单位：mm）

1-坐斗；2-正心瓜拱；3-槽升子；4-正心万拱；5-正心枋；6-头翘；7-十八斗；8-单才瓜拱；9-单才万拱；10-拽枋；11-头昂；12-二昂；13-三昂；14-桃尖梁；15-厢拱；16-挑檐枋

角科斗拱

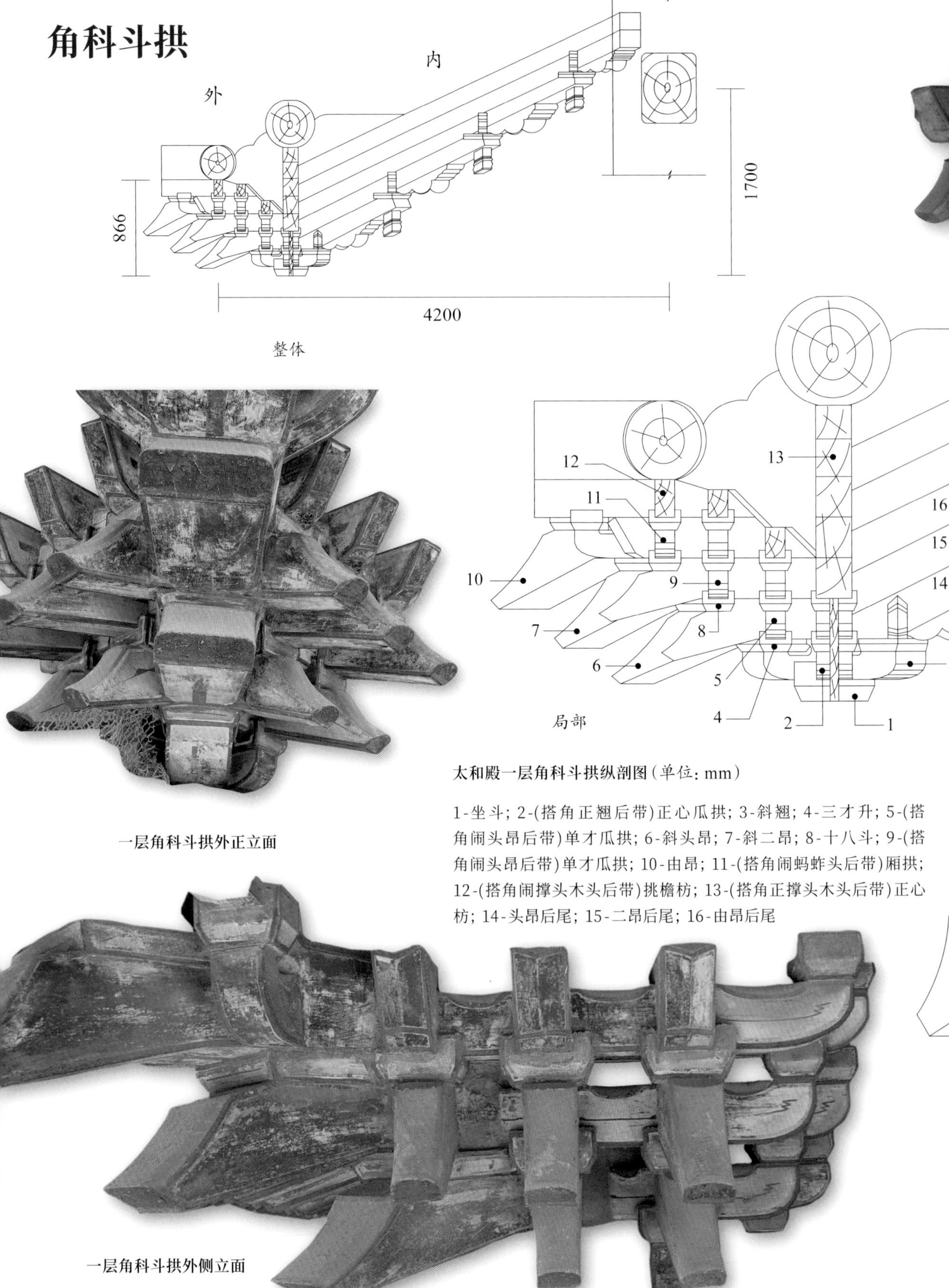

太和殿一层角科斗拱纵剖图（单位：mm）

1-坐斗；2-(搭角正翘后带)正心瓜拱；3-斜翘；4-三才升；5-(搭角闹头昂后带)单才瓜拱；6-斜头昂；7-斜二昂；8-十八斗；9-(搭角闹头昂后带)单才瓜拱；10-由昂；11-(搭角闹蚂蚱头后带)厢拱；12-(搭角闹撑头木头后带)挑檐枋；13-(搭角正撑头木头后带)正心枋；14-头昂后尾；15-二昂后尾；16-由昂后尾

一层角科斗拱外正立面

一层角科斗拱外侧立面

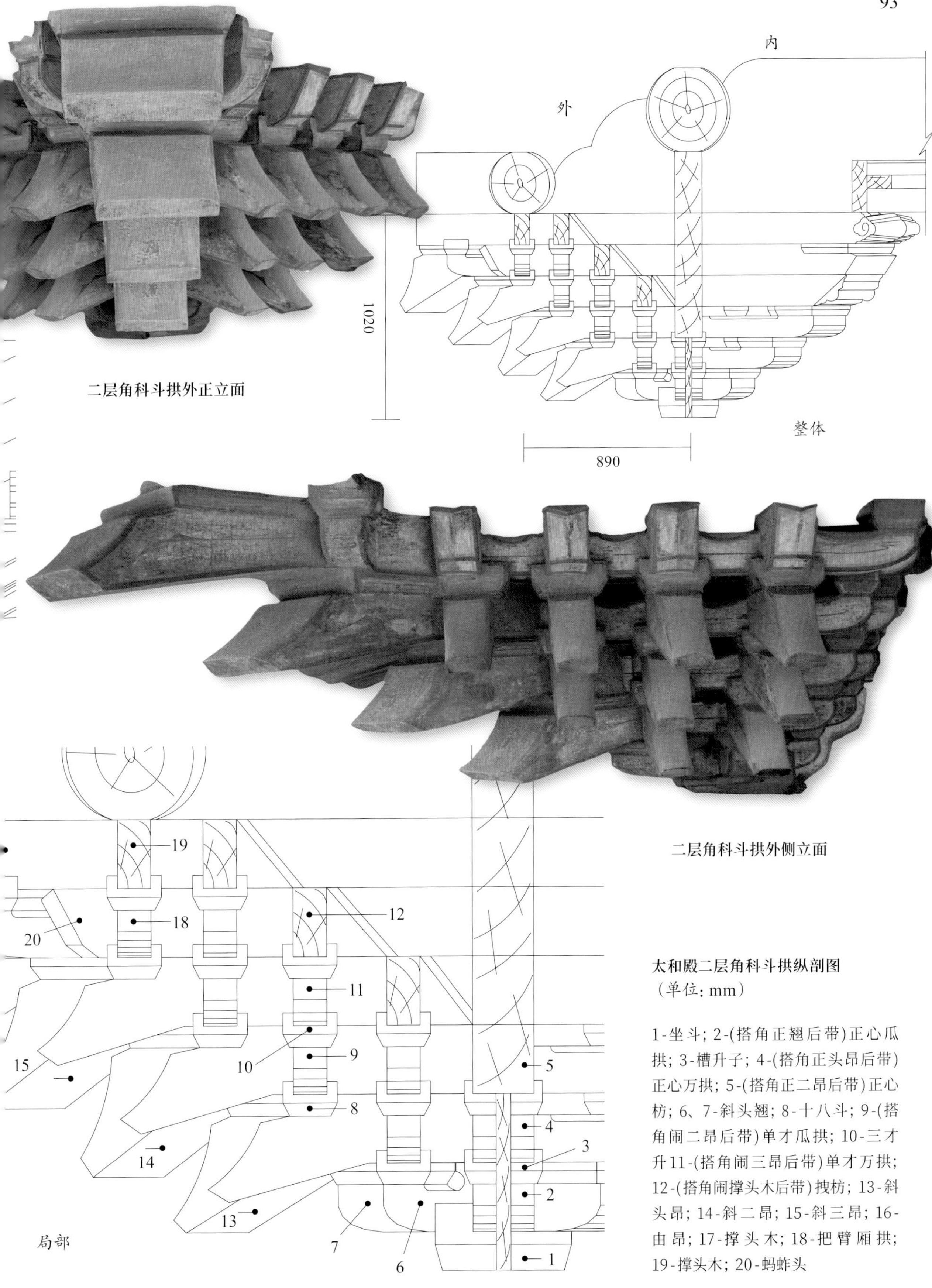

二层角科斗拱外正立面

二层角科斗拱外侧立面

太和殿二层角科斗拱纵剖图
（单位：mm）

1-坐斗；2-(搭角正翘后带)正心瓜拱；3-槽升子；4-(搭角正头昂后带)正心万拱；5-(搭角正二昂后带)正心枋；6、7-斜头翘；8-十八斗；9-(搭角闹二昂后带)单才瓜拱；10-三才升11-(搭角闹三昂后带)单才万拱；12-(搭角闹撑头木后带)拽枋；13-斜头昂；14-斜二昂；15-斜三昂；16-由昂；17-撑头木；18-把臂厢拱；19-撑头木；20-蚂蚱头

造型和色彩

斗拱在屋檐之下，整体排列有序，各个构件高度、宽度基本相同，仅在长度及外形上根据整体需要而有不同差别，富有节奏和韵律的变化。且斗拱充分利用了红、黄、蓝、绿、青、白、灰等色彩的搭配，在变化中有统一协调之美。

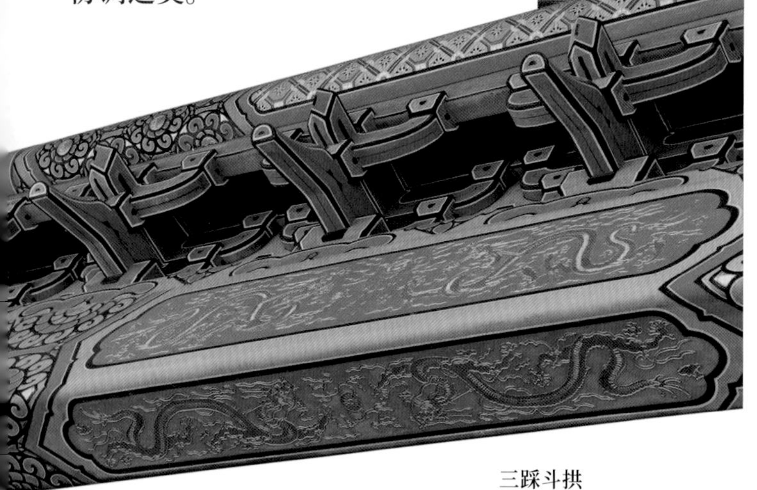

三踩斗拱

红色、黄色为暖色调，象征太阳、火焰，给人热烈、奔放、温暖的感觉。**暖色调普遍被运用到古建筑明显的位置，**如黄色的瓦顶、红色的立柱，**以体现紫禁城的雄伟、壮观之美。**

青色和绿色属于冷色调，用于斗拱，体现出古建筑的阴柔之美。

不同类型的斗拱由下至上尺寸逐渐增大，出踩尺寸相同，形成了弧度优美的曲线。

斗拱正立面左右两侧的构件种类和数量对称，侧立面以正心枋为中心，向内外出挑的踩数相同，均匀、对称的造型富有韵律感和艺术美感。位于柱顶之上、屋檐之下的斗拱侧立面犹如倒立的三角形，这种视觉上的统一性还营造出建筑的抽象之美。

斗拱整体在上部倾斜的屋檐和下部垂直的柱子之间形成完美过渡，既衬托出屋架的简洁，又可体现斗拱自身优美的造型。

一层斗拱

青色与绿色被广泛地运用到斗拱位置，这是符合人体感知的。青绿色属于冷色调，在阴影中显得空气感强，轻盈而又遥远，使得厚重的屋顶给人以轻松的感觉，而且增强了建筑的高度感。

由于屋檐往外挑出，因而在梁枋下部及斗拱部位会出现阴影。阴影下的青绿色彩画有利于体现建筑的阴柔之美。在红色柱顶与黄色屋顶的暖色调之间采用冷色调的青绿色斗拱，有利于建筑单体色彩的过渡和协调。

二层斗拱

力学智慧

美仅为太和殿斗拱建筑特征的一个方面。其另一个重要特征是蕴含了丰富的力学智慧。

斗拱由很多小尺寸的木构件在水平和竖向拼插、叠加而成。尽管这些木构件尺寸很小，但是当它们组成一个斗拱整体时，就会产生巨大的力量。在一般情况下，斗拱位于屋檐的下方，承担整个屋顶的重量，并把该重量向下传递给额枋、柱子。

太和殿屋顶有着厚厚的泥背层，非常厚重，但是能够被斗拱轻松承担，且不会对斗拱造成破坏，可反映斗拱的竖向承载能力。

斗拱有着“**以柔克刚**”的特性。

一层斗拱外

一层斗拱内

角科

一层角科

一层角科斗拱内

平身科

一层平身科

一层平身科斗拱内

柱头科

一层柱头科

一层柱头科斗拱内

抵抗竖向地震波	斗拱由木材制成，木材弹性模量很小，很容易产生变形并迅速恢复原状，犹如弹簧一样。	斗拱在竖向由一层层构件叠加起来，就像一层层弹簧连起来一样。斗拱层数越多，弹簧的柔性越大。	发生地震时，竖向地震力很大，但是斗拱整体像弹簧一样反复做压缩—复原运动，可以不断地削弱地震力。	从能量守恒角度讲，竖向地震波的能量传到斗拱位置时，分解成为斗拱的动能、势能、内能。	其中前二者的比例非常大，使得斗拱的内能的比例很小，因而斗拱不会因为受到的内力过大而损坏。

抗震性能

二层斗拱外

二层角科

二层平身科

二层柱头科

斗拱的力学智慧精华在于它的抗震性能。无论是水平向还是竖向的地震波，都不会造成斗拱损坏。

发生地震时斗拱的各个构件之间互相摩擦、挤压，并产生往复运动，犹如一个运动体系。

从能量守恒角度讲，地震波的能量传到斗拱位置时，主要分成了2个部分的能量：斗拱的内能和斗拱的动能。斗拱内能即产生开裂破坏的根本原因，内能越大，斗拱破坏越严重。斗拱分层构件间的相互挤压、摩擦运动分散了斗拱内能，因而斗拱在地震作用下几乎不会产生损坏。然而斗拱能量的另一个组成部分即动能占的比例远大于的内能。每个斗拱由上百个小构件组成，它们犹如机器的零件一样，在地震作用下不断产生各种运动，耗散了大量的地震能量。大量的古建筑震害勘查结果表明，斗拱在地震作用下一般保存完好。

斗拱像不倒翁一样。

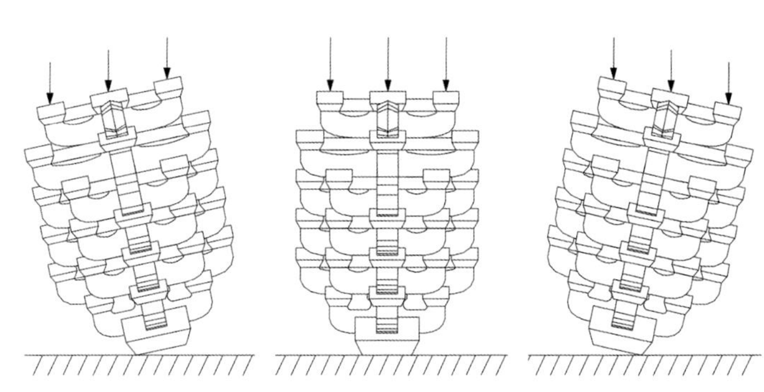

水平地震波作用下斗拱摇摆示意图

抵抗水平向地震波

斗拱还能产生自动恢复功能，犹如不倒翁一样，其原因在于斗拱特殊的构造。斗拱整体构造特点是上部体积大但构件单体截面尺寸小、下部体积小但构件单体截面尺寸大，其中截面尺寸最大的为方形的坐斗，位于斗拱的最底层。

一方面斗拱的重心位于斗拱的下方，斗拱犹如一个矮胖的人，在水平地震力（推拉力）作用下尽管产生摇摆，但是不易倾覆。

另一方面坐斗的截面尺寸宽大，这无疑增大了斗拱与其底部的接触面，斗拱在水平地震作用下产生摇摆时，分别绕着坐斗两侧的支点进行摇摆—复位运动。

地震波结束后，斗拱又恢复到了初始位置，并未受到损害。

斗拱的这种具有弹簧特性的抵抗地震的方法，从科学的角度可称为“隔震”。

制作工艺

正心瓜拱

坐斗

三才升

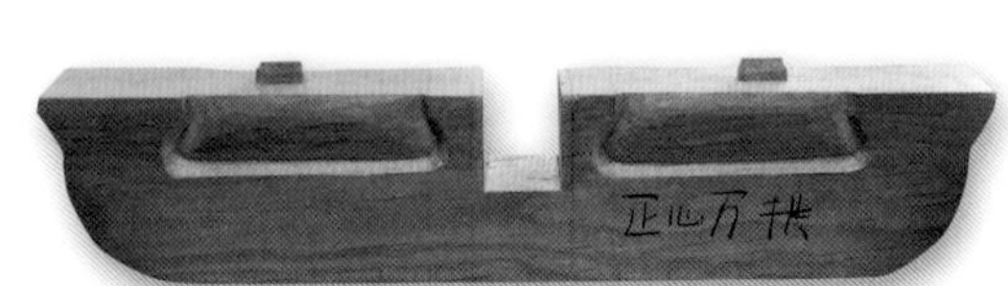

正心万拱

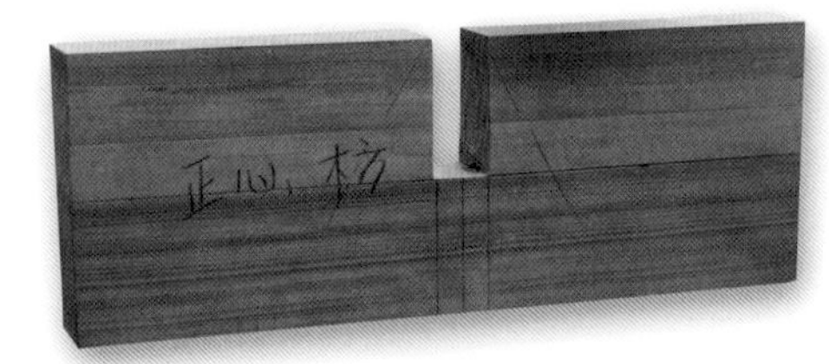

正心枋

翘

太和殿斗拱还体现了中国古建筑精湛的制作工艺。斗拱由数量众多的小尺寸构件叠加而成，水平构件之间通过凸凹槽搭扣，上下层构件之间通过暗销连接。

这些细小的构件必须制作得非常精良，各个斗拱构件的加工稍有偏差，便无法组装成为整体。斗拱的外轮廓线及其内部主要分割线的控制点必须保持严格的几何控制关系，才能保证构件之间连接密实，从而保证斗拱外观统一、完美的整体效果。

斗拱体现了中国古建筑的力与美，亦是中国古代工匠汗水与智慧的结晶。

最底层

拆去头昂

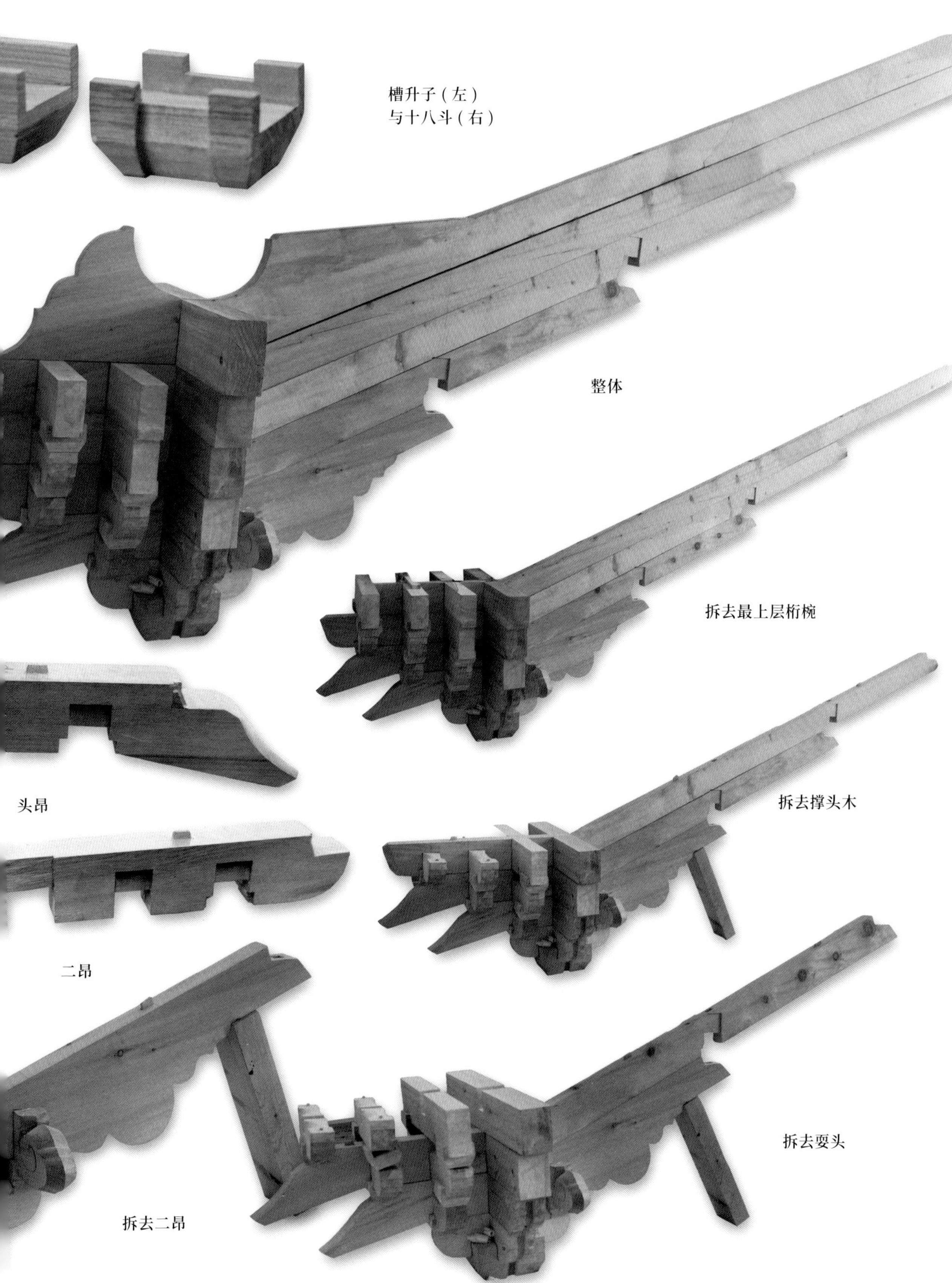

槽升子（左）
与十八斗（右）

整体

拆去最上层桁椀

头昂

拆去撑头木

二昂

拆去耍头

拆去二昂

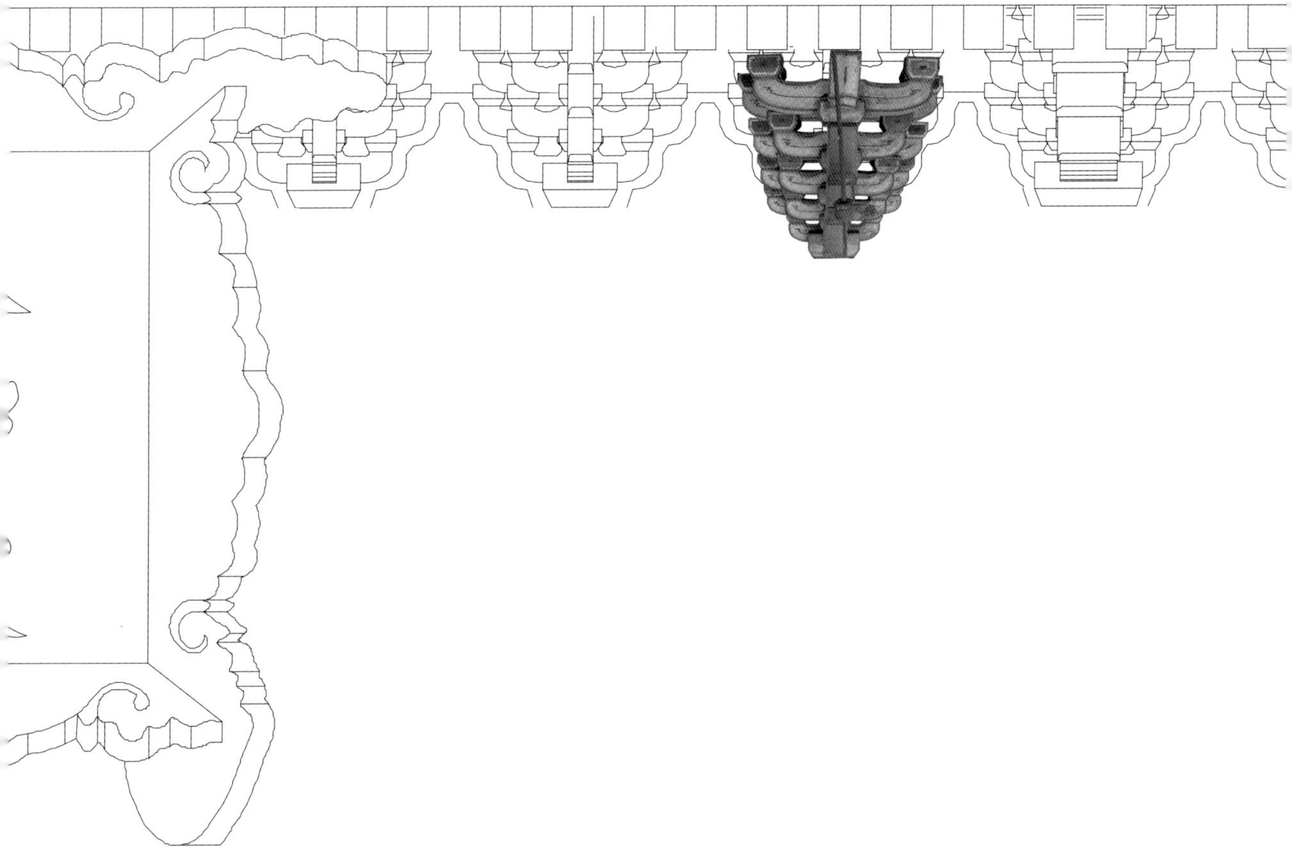

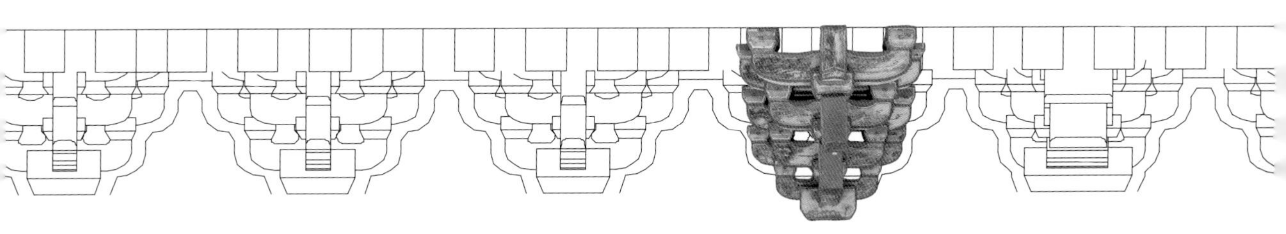

第五章

屋顶

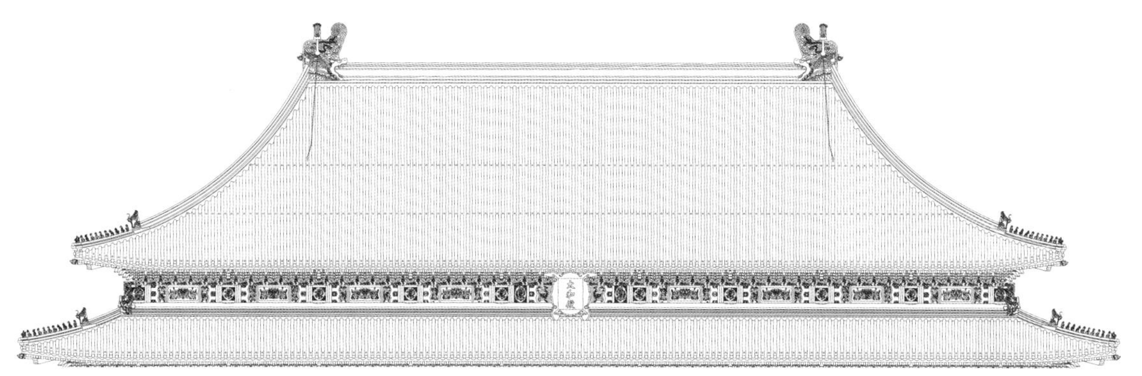

古建筑的屋顶一般指天花板以上的部分，主要由梁架层、望板基层、泥背层和瓦面层组成。太和殿的屋顶外立面是坡屋顶形式，其远远伸出的屋檐、富有弹性的屋檐曲线、由举架形成的稍有反曲的屋面、微微起翘的屋角，加上灿烂夺目的琉璃瓦，使建筑物产生独特而强烈的视觉效果和艺术感染力。

屋顶的类型

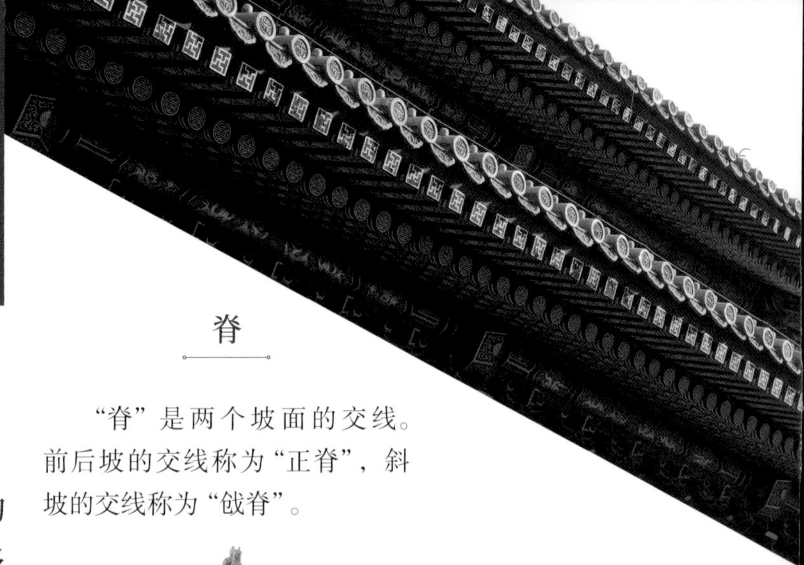

太和殿屋顶属于重檐庑殿型，其特点是有两层屋檐，且上面层的屋檐有四个坡、五条脊。正脊由多层瓦件叠加而成，在断面上形成凸凹相间的曲线，在立面上增加了建筑的总高。戗脊的曲线和舒展翘起的翼角给人一种飘逸向上的感觉，笨重的大屋顶立显轻盈，形成了中国古建筑独有的造型特点。

脊

“脊”是两个坡面的交线。前后坡的交线称为“正脊”，斜坡的交线称为“戗脊”。

紫禁城古建筑屋顶是有等级的，太和殿屋顶等级最高。

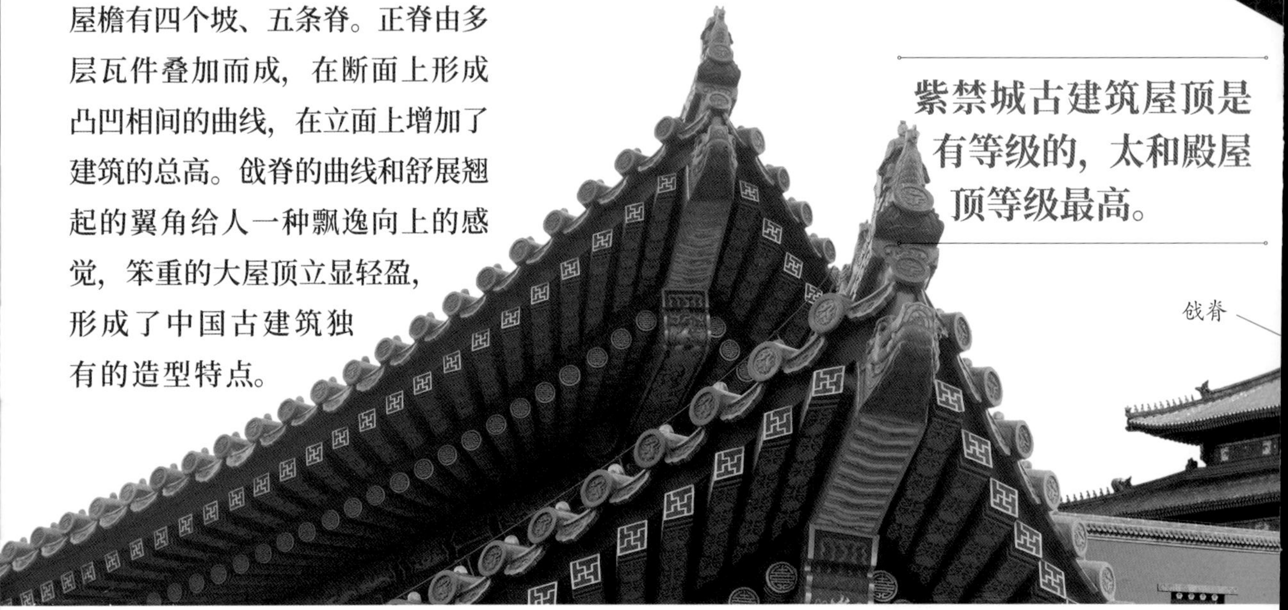

戗脊

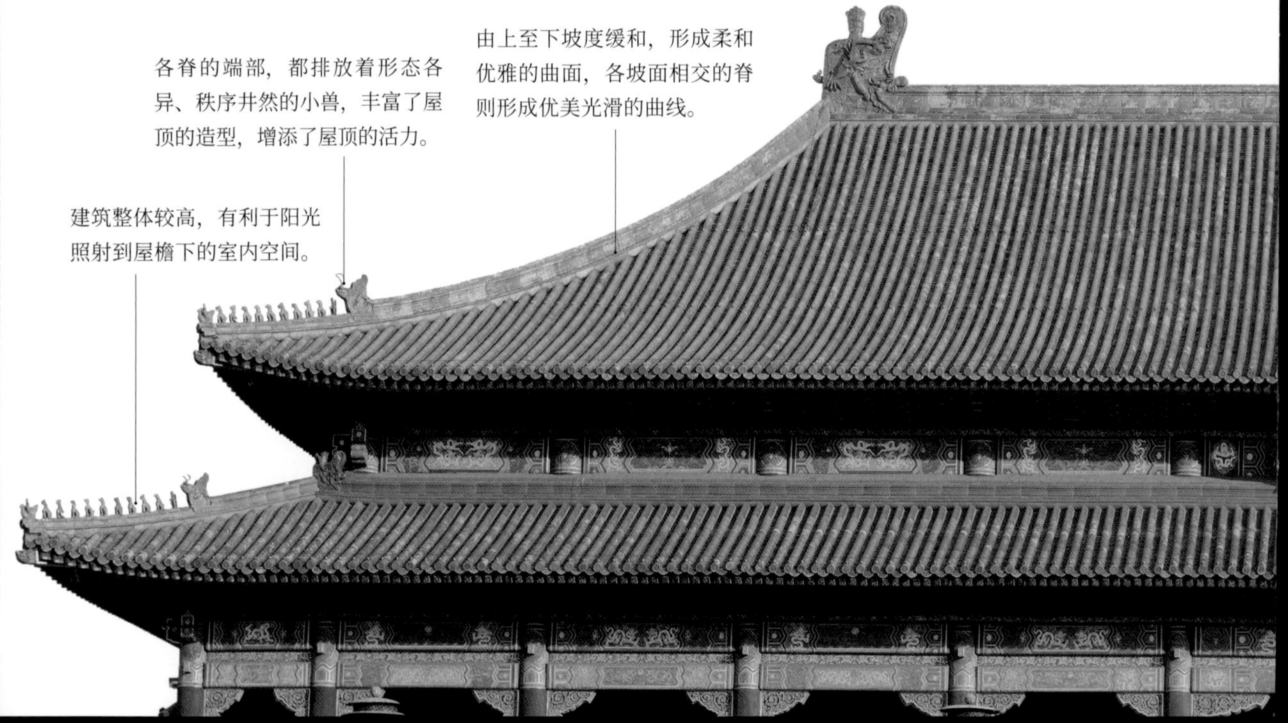

各脊的端部，都排放着形态各异、秩序井然的小兽，丰富了屋顶的造型，增添了屋顶的活力。

由上至下坡度缓和，形成柔和优雅的曲面，各坡面相交的脊则形成优美光滑的曲线。

建筑整体较高，有利于阳光照射到屋檐下的室内空间。

翼角

建筑物屋顶檐部两面相交的转角，呈翼形或扇形展出而翘起，仰视屋角，角椽展开犹如鸟翅，故称“翼角”。

屋檐向上的动势与屋身立柱围合而成的静态空间形成优美的组合，一动一静，在庄重雄伟的气势中透露出丝丝欢愉与祥和的气息，**反映了古代帝王希冀国泰平安的愿望。**

太和殿重檐庑殿屋顶

黄色的琉璃瓦，在阳光下金光闪耀，整个建筑展现出华丽而又庄严之美，这种美与紫禁城宫殿的功能形成一种和谐。

屋檐在中间平直，向两端则逐渐起翘，向天空延伸，整个屋面呈现凹曲的反宇状，檐角和檐口都向上反翘。

庑殿建筑等级最高，因为这种屋顶样式出现最早。除庑殿类屋顶外，紫禁城古建筑还有以下4种屋顶类型，不同类型的屋顶建筑等级由高到低分别为：庑殿、歇山、悬山、硬山。

单檐庑殿屋顶

庑殿屋顶，是指有四个坡，五条脊的屋顶。弘义阁即为庑殿屋顶。弘义阁为两层楼阁形式，两层之间设腰檐，屋顶为单檐庑殿顶，因而被称为单檐庑殿屋顶。

重檐庑殿屋顶

太和殿庑殿顶之下，又有短檐，四角各有一条短垂脊，共九脊，因而被称为重檐庑殿屋顶。

歇山屋顶

歇山屋顶为庑殿屋顶上叠加悬山屋顶的做法，有九条屋脊，即一条正脊、四条垂脊（垂脊与建筑长度方向平行）和四条戗脊，因此又称九脊顶。

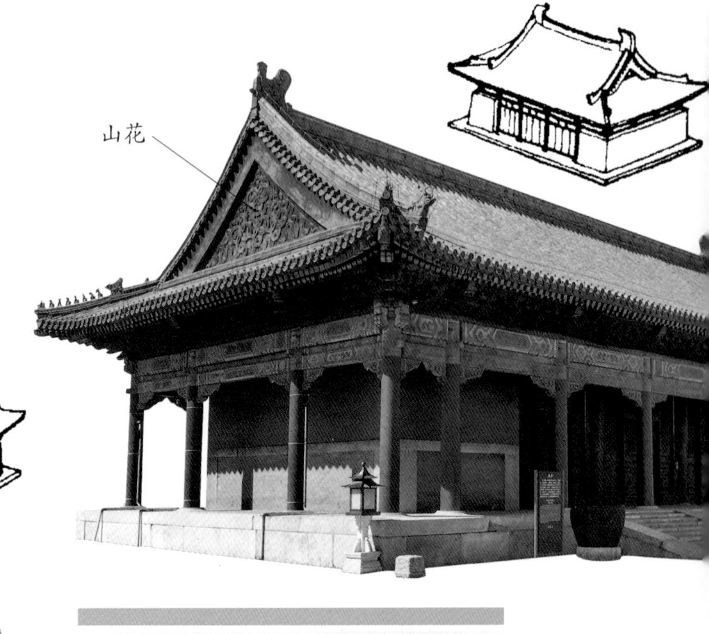

古代原始人所住的房屋，或为半地下，或为巢穴，其屋顶一般为4个坡，以利于在四个方向挡风御寒，材料多为树枝、茅草。西周时期开始使用瓦件之后，屋顶开始采用瓦屋面，且两个坡的相交位置开始出现了屋脊，庑殿类屋顶出现。到了汉代，悬山、歇山类屋顶陆续出现。

悬山屋顶

悬山屋顶有一条正脊，四条垂脊，形成两面屋坡，左右侧面垒砌山墙，但两端屋檩外露。

硬山屋顶

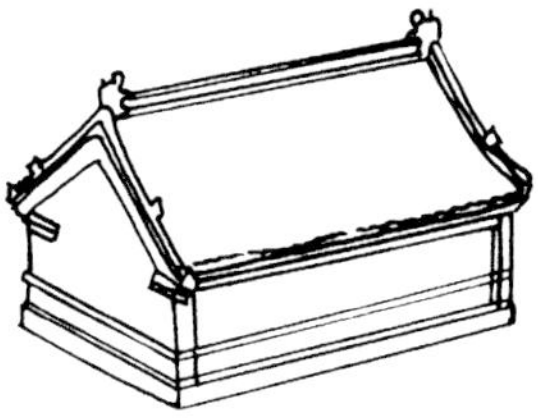

硬山屋顶与悬山屋顶造型相似，只是屋顶的檩木不外悬出山墙；屋面夹于两边山墙之间。

攒尖屋顶

攒尖屋顶则是指屋面多条脊汇于一点。另攒尖建筑不属于任何等级建筑，而是属于杂式建筑，其平面形式丰富多样，可做成扇形、梅花形、圆形等。

屋顶曲线

太和殿屋顶平整、顺滑，从上而下形成流畅的曲线。从营造技艺角度来看，如此宽大的屋顶是由一块块瓦沿着上下方向拼接铺墁而成的。将成千上万块瓦铺在宽大的屋顶上，且瓦面如行云流水，无任何凸凹，这不得不让人叹服古代工匠的技艺。

紫禁城中，不同等级的屋顶形式对应着不同弧度的屋顶曲线：太和殿屋顶曲线弧度大，坡度陡峭，给人以雄伟、威严之感；等级较低的屋顶曲线弧度小，坡度平缓，给人以柔美之感。

太和殿起翘的翼角

古代工匠如何根据建筑外观的需要来调整屋顶的曲线弧度呢?

其实做法很简单，古代工匠在屋顶铺瓦时，在最下方（屋檐）和最上方（屋脊）各钉一颗钉子，两端分别用绳子拴住。这样一来，绳子就会因为自重在空中形成自然下垂的顺滑曲线，该曲线即为瓦顶高度的控制线。在两颗钉子之间高度尺寸保持不变的前提下，利用不同绳子的重力，就可以获得不同的屋顶曲线。选取长绳子，则可获得较平缓的屋顶曲线；而选取短绳子，则可获得陡峭的屋顶坡度。工匠们沿着这条曲线铺瓦，就会铺墁成连贯、优美的屋顶曲线来。

“房屋的高大如人的矗立，色彩斑斓远看如锦鸡飞腾”是人们描述中国古建筑屋顶的句子，梁思成先生也曾认为中国古建筑屋顶是“中国建筑物之冠冕”。这不仅说明了中国古建筑屋顶功能上的重要性，而且还反映了屋顶在古建筑整体造型上的重要性。

古人很早就发现，小孩玩跳绳游戏时，两个小孩分别把握绳子两端，绳子在静止时会始终保持自然下垂状态，且形成一道具有弧度的曲线。两个小孩的间距不变时，绳子截面尺寸越大，下垂幅度越大。绳子下垂的主要原因在于绳子受到重力作用。绳子越长，下垂幅度亦越大。

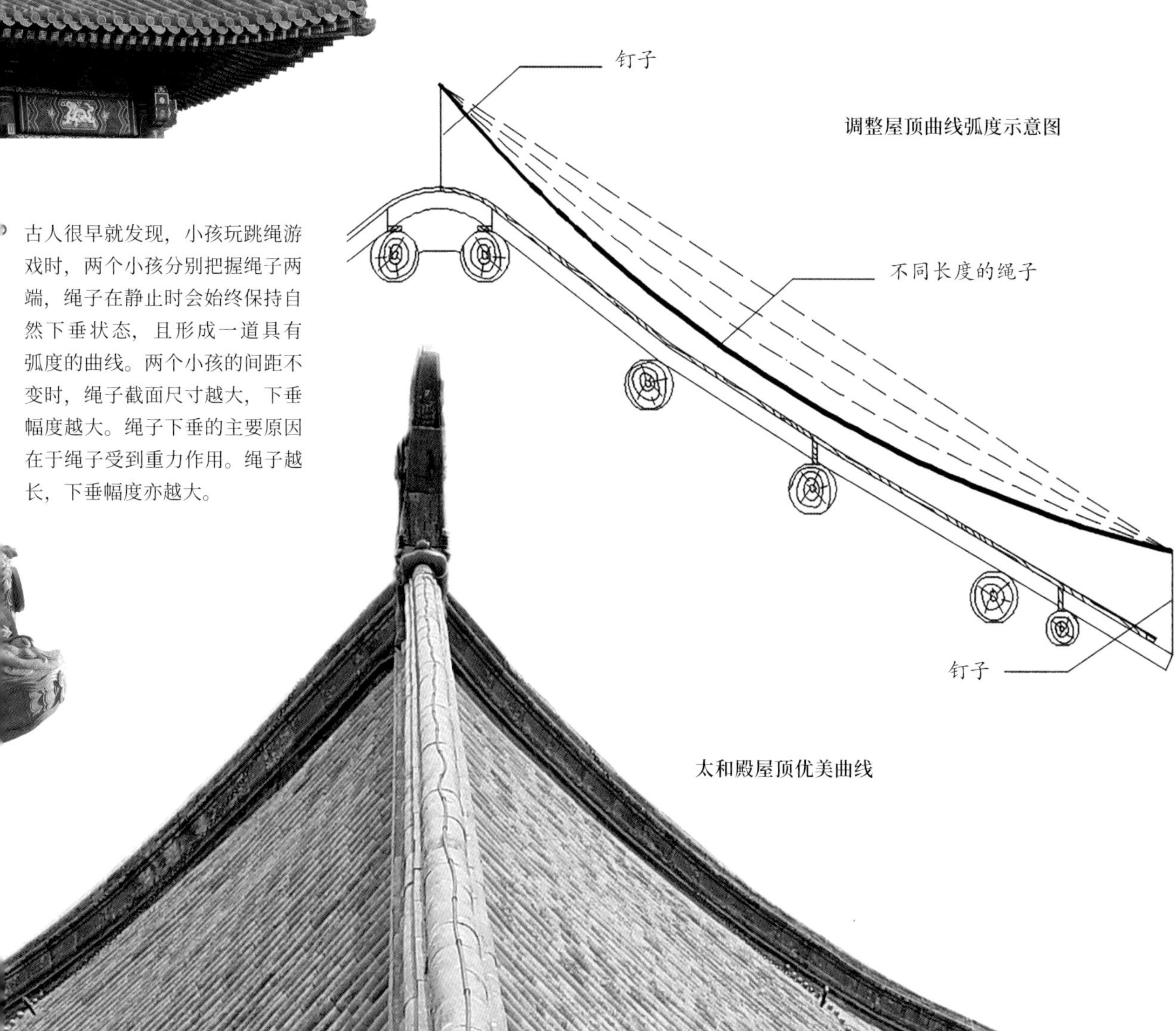

调整屋顶曲线弧度示意图

太和殿屋顶优美曲线

太和殿的屋顶采用的是**坡屋顶**，
而没有采用平屋顶。

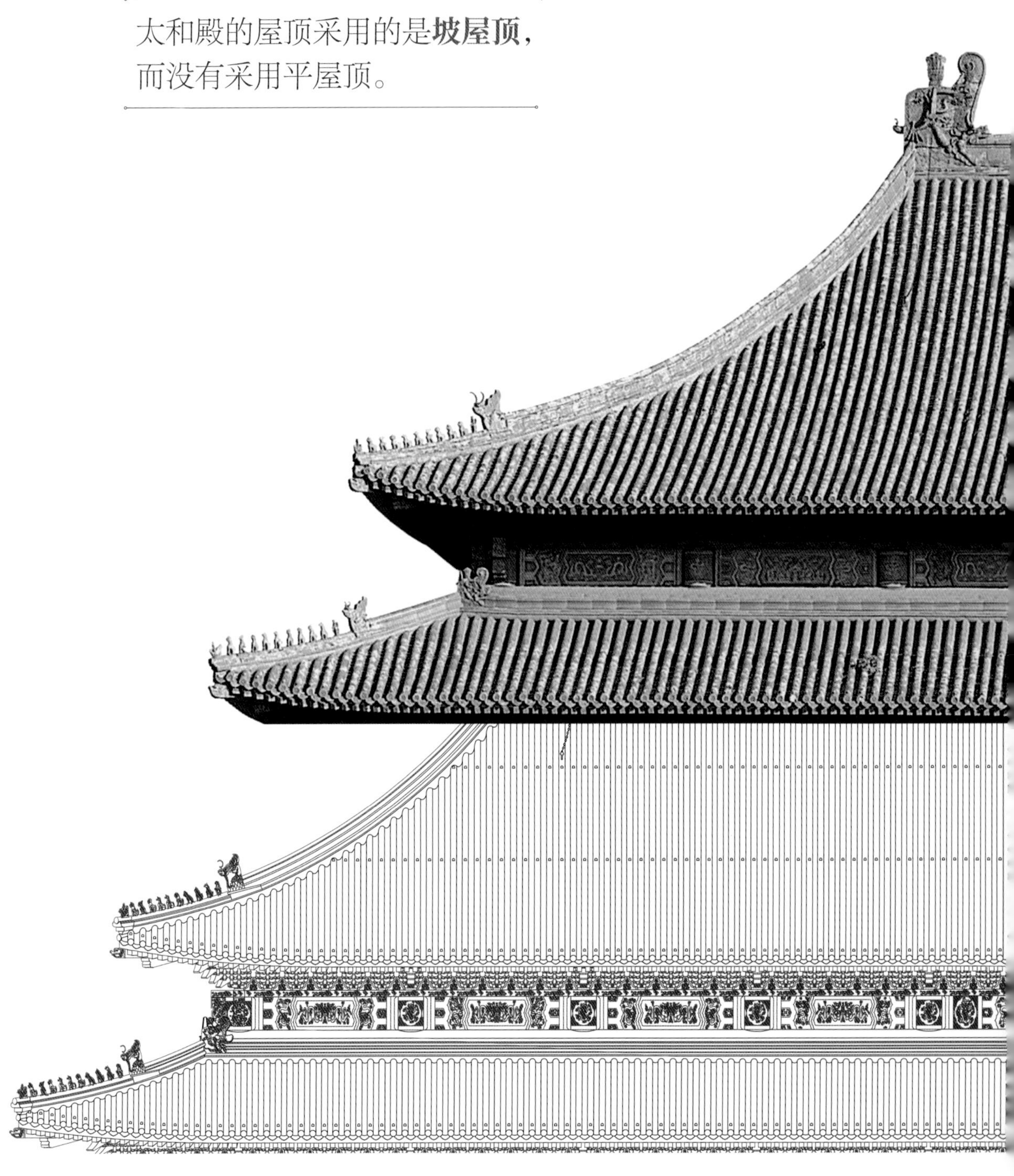

<table>
<tr><th colspan="2">与平屋顶相比，坡屋顶的优势：</th></tr>
<tr><td colspan="2">紫禁城是帝王执政及生活场所，不同类型的坡屋顶有利于表现出建筑不同的等级差别，庑殿式屋顶（如太和殿）建筑等级最高，其次是歇山式屋顶，再次是悬山式屋顶，最低等级的屋顶为硬山式屋顶。</td></tr>
<tr><td rowspan="3">从建筑功能上讲，坡屋顶有利于采光、隔热、排水。</td><td>从采光角度讲，坡屋顶使得屋檐起翘，有利于古建筑内部采光。</td></tr>
<tr><td>从保温隔热角度讲，坡屋顶使得屋顶形成一个空间隔热层，夏天过热或冬天过冷的温度不容易传入室内。</td></tr>
<tr><td>从排水角度讲，坡屋顶使得屋顶形成较大幅度的坡度，有利于雨水的及时排出。</td></tr>
</table>

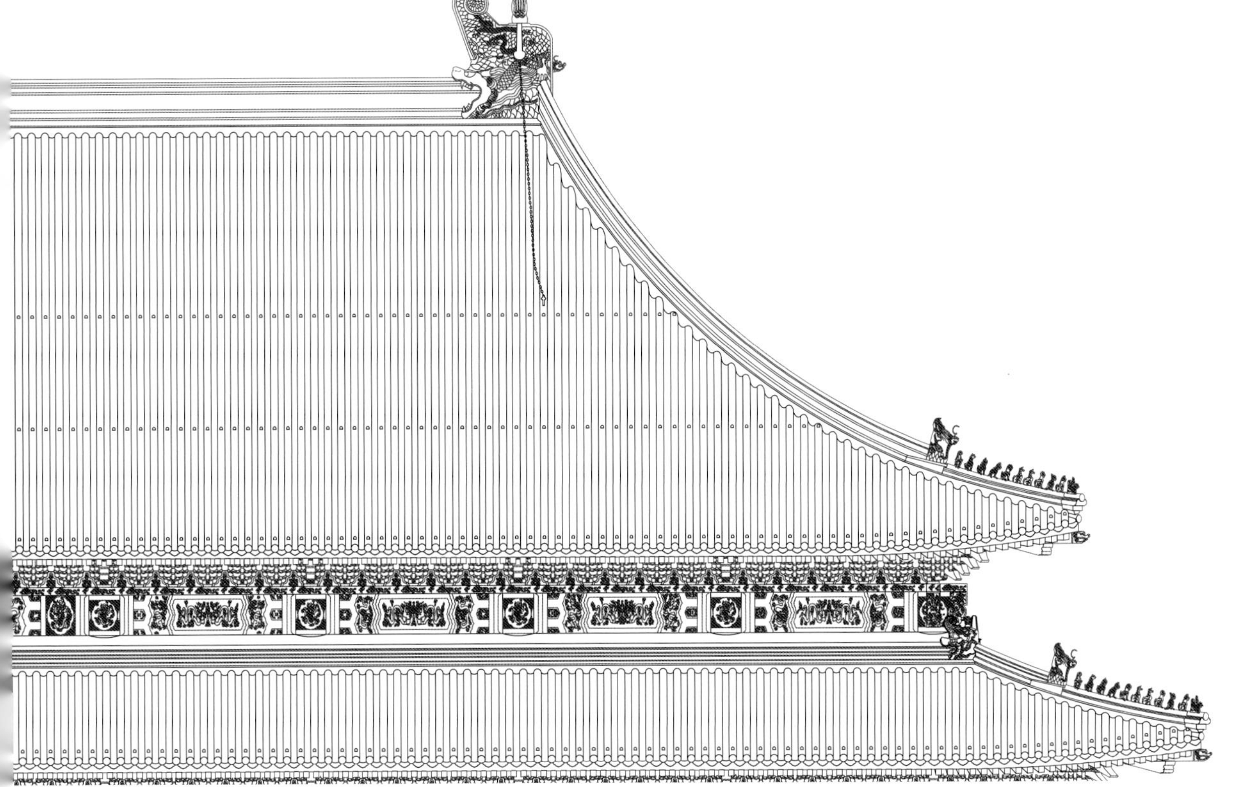

梁架

神武门梁架

太和殿的瓦顶层由木构架支撑，其中横向（与宽度平行的方向）的木构架称为梁架。这些木梁在上下方向进行叠加组合，共同支撑瓦顶。这种梁的组合方式，犹如一层一层把梁往上抬，因而称为抬梁式构架。

太和殿梁架的智慧，主要体现在梁的截面比例能够使木料得到**充分利用**上。

梁架较普通梁的优势

屋顶重量传递给梁，若梁不做成梁架形式，则梁所需的抗弯截面很大，其截面高度可达2米（实际上，直径为2米的圆木是非常少的）。采取梁架形式后，梁的受力方式发生改变，可减小所需梁截面尺寸，并有利于增大梁的跨度。

梁的截面为方形，却取材于圆木。因此工匠在把圆木加工成方木时，就要考虑如何最大程度利用圆木的截面尺寸。

太和殿梁架的截面高宽比约为1:1.30，紫禁城其他建筑如保和殿梁架的截面高宽比约为1:1.35，咸福宫配殿梁架截面高宽尺寸比约为1:1.47。由此可以看出，太和殿的古代工匠尽管没有丰富的力学知识，但他们基于经验和智慧，采用与理论值充分接近的比例来对圆木进行取材，保证了对木材截面的有效利用。

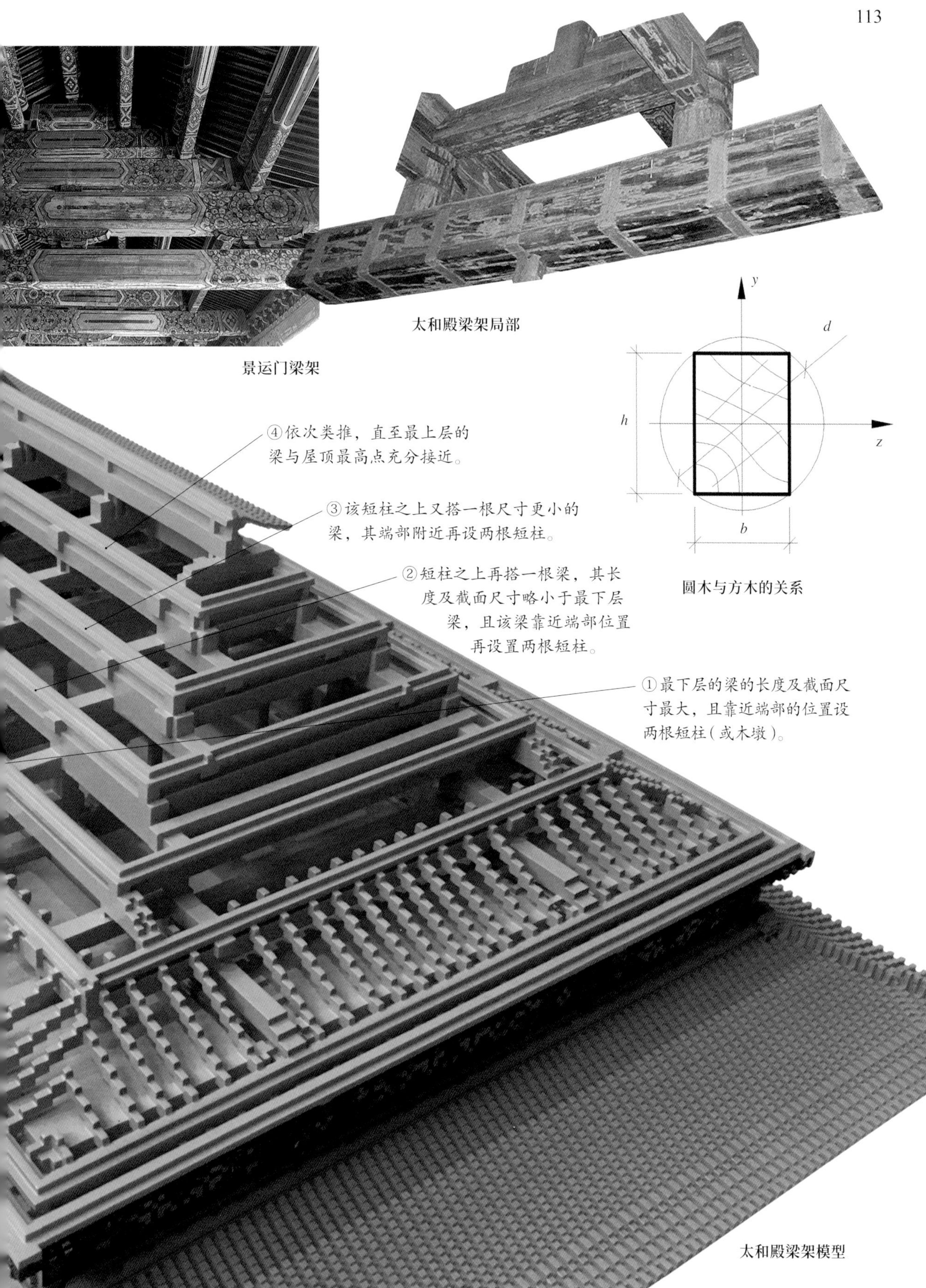

景运门梁架

太和殿梁架局部

圆木与方木的关系

太和殿梁架模型

抬梁式木构架在承重方面发挥了巨大的作用，也是**形成屋顶坡面的重要前提**。

太和殿梁架尺寸比例

太和殿梁架的高度（最下面一层梁中心到屋脊的距离）与底层梁的长度之比控制在1:3左右。这使得梁架低矮，在大风、大震等自然灾害发生时，避免了梁架可能发生的倾覆危险。

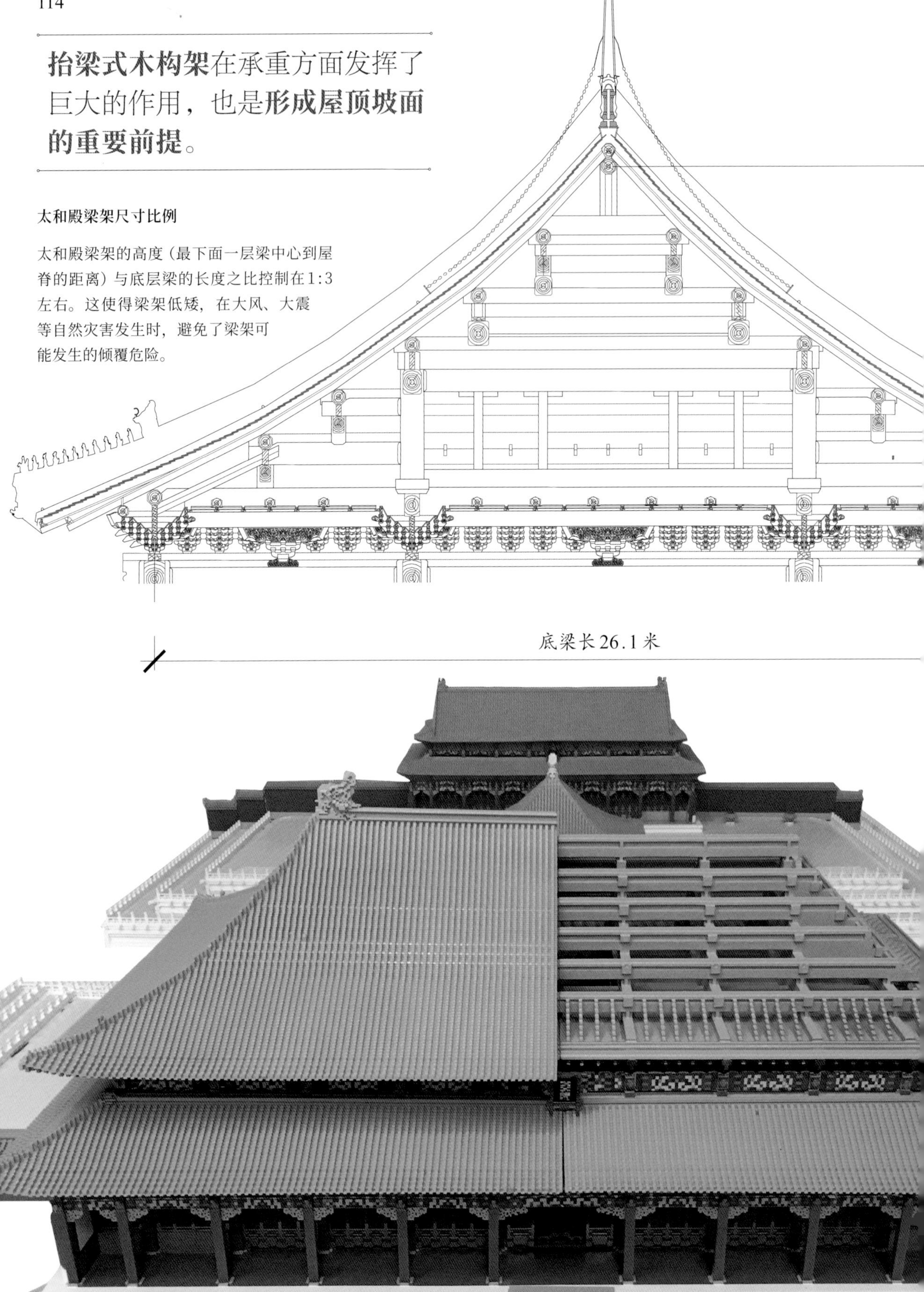

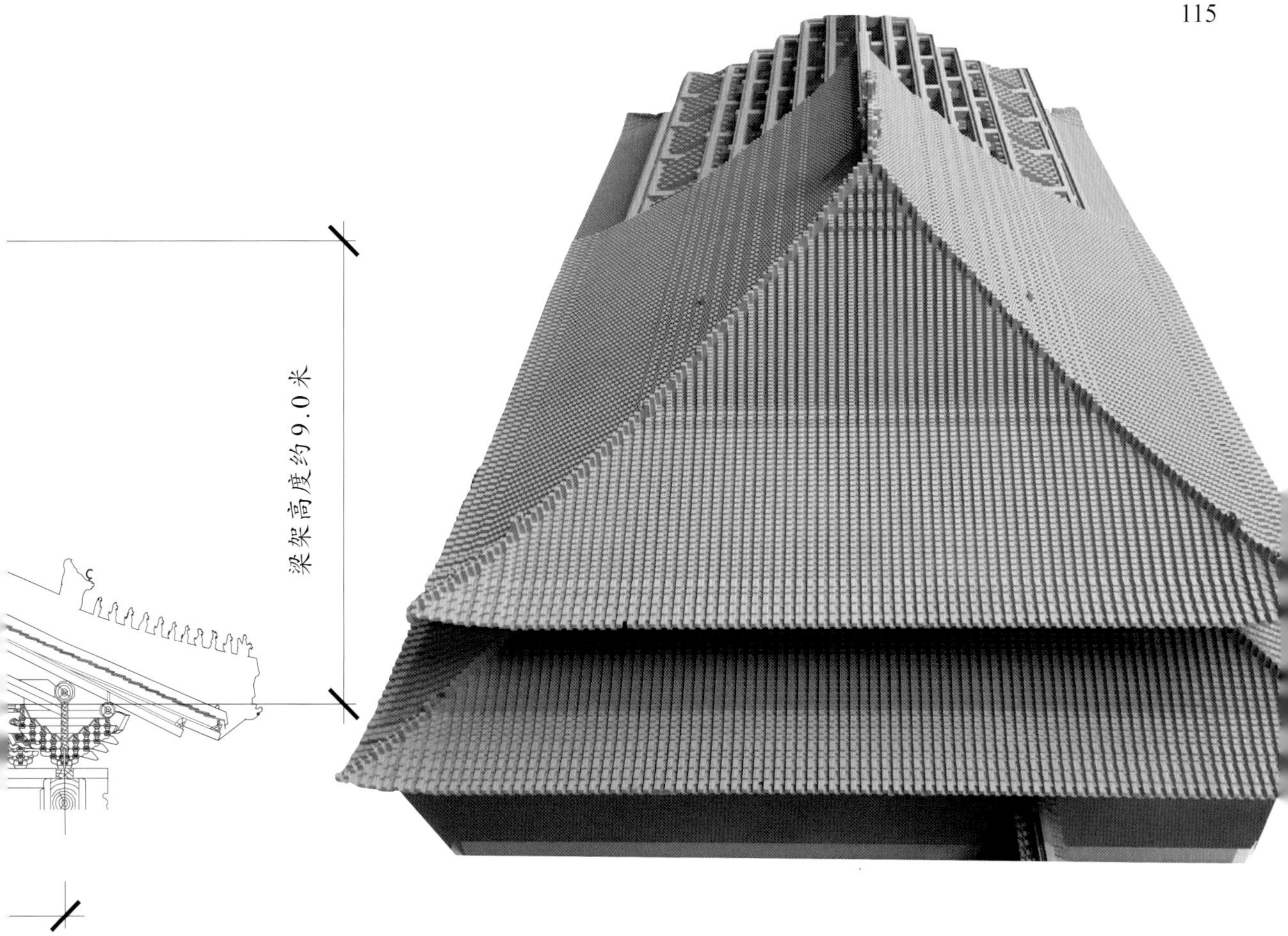

梁架高度约9.0米

太和殿明间梁架的受力分析		
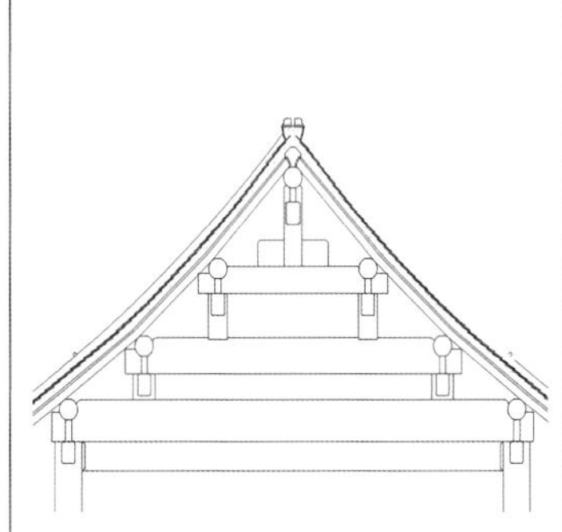	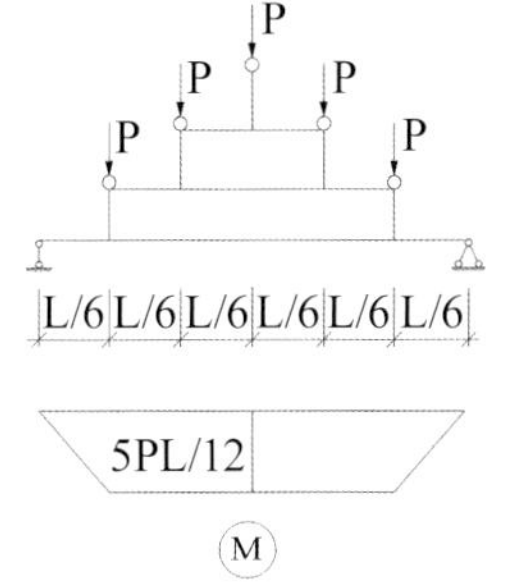	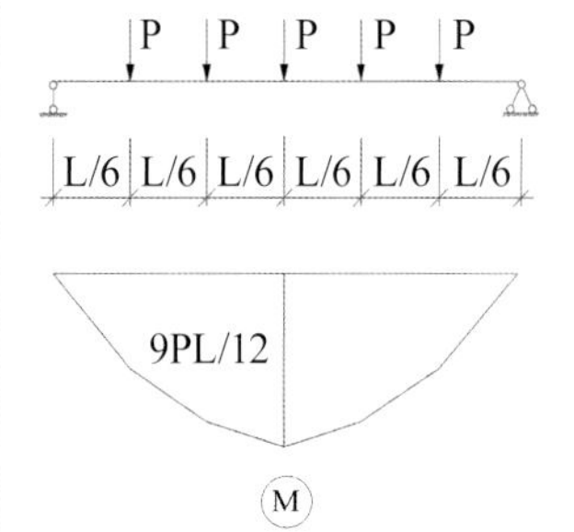
太和殿明间梁架示意图	梁架形式受力简图及弯矩分布图	单梁形式受力简图及弯矩分布图
采用抬梁式梁架后，梁截面尺寸可减小，从而以较小截面的木材建造较大空间的房屋。	梁架最下层梁的长度为L，屋顶传来的作用力分别由不同层的梁来承担，每个部位承担的作用力为P，而传到最下层梁的弯矩只有5PL/12。	若不采用抬梁式梁架形式，而是直接用一根大梁来承担屋顶重量，则传到大梁上的弯矩达9PL/12，几乎是前者的2倍。
	梁架形式最下层的大梁上的外力分布更均匀，其弯矩图上的峰值区域为一直线。	单梁形式的弯矩峰值集中在跨中位置，更易造成梁损坏。

琉璃瓦

太和殿大修铺瓦现场

太和殿的瓦为琉璃瓦，主要由筒瓦和板瓦铺成。

琉璃瓦当是对中国传统的泥质灰陶瓦当的革新。古之琉璃曾泛指人造的或者天然结晶的饰物，用于装饰建筑后，才逐渐成为一种专用名词，指表面带有铅玻璃釉色的建筑饰面材料，实际是指用于建筑装饰的带釉粗陶。琉璃瓦质地坚实，表面有一层光亮的釉质，抗水性强，强度高，所以成为宫殿屋顶首选材料。

琉璃厂位于今天的北京和平门外，如今是北京的一条商业街。创办于元代，明代时成为修改宫殿的五大工厂之一。太和殿的琉璃瓦就是在琉璃厂烧造的。明嘉靖时期，琉璃厂被迁至北京西郊的琉璃渠村。

中国的琉璃烧造始于北魏。

据王进编著《女娲的遗珍琉璃》介绍："琉璃瓦又被简称为琉璃。琉璃的烧造和使用从北魏开始，以北方为基地。隋唐时期，琉璃瓦在豪华建筑上的实用增多，但只用于檐脊，叫作剪边琉璃，仍不见用于整个殿顶。在宋代的绘画中，才出现铺满琉璃的殿顶。宋代的建筑专著《营造法式》对琉璃的烧制技术和釉料成分有系统地论述，此时琉璃的使用更为广泛。"

琉璃厂是一所烧窑厂，曾是元代为修建都城而建造的四窑之一。据《元史·百官志》记载，元大都有四个窑厂，由从六品官员管辖。第一个窑厂设提领、大使、副使官员各一名，管理三百余名工匠，烧造素白琉璃瓦，为少府监（官名）管理，至元十三年（1276）设立。其他三个窑厂包括：南窑场，由大使、副使各一名管理，中统四年（1263）设置；西窑场，由大使、副使各一名管理，至元四年（1267）设置；琉璃局，由大使、副使各一名，中统四年（1263）设置。

瓦作 砖、瓦的施工过程可并称为“瓦作”。

太和殿在明初营建时的瓦作负责人为杨青。杨青擅长估算，精通调配工料，他的供料估算及人员调配对于顺利完成太和殿的施工起到了很好的作用。

琉璃渠[①]的琉璃制作工艺独特：先以高温烧制成坯，出窑冷却后再上釉，然后进行釉烧，为二次烧成；釉料以石英和氧化铅为主，是一种含铅的玻璃基釉料，具有明亮透底的特点，为传统琉璃的正宗；所用原料为北京特有的坩子土，选料精细，先采样试烧，达到标准方可使用。所以琉璃渠官窑的琉璃胎质月白而坚硬，不脱釉。

① 琉璃渠在北京西郊，是明嘉靖时期及以后修建紫禁城所需的琉璃瓦的生产地。

板瓦

筒瓦

到了明代，朝廷为修建宫殿，便扩大了琉璃厂的规模。明代皇家在琉璃厂设置了明确的管理机构。据明万历《工部厂库须知》记载，营膳司（官府机构）登记的关防、公署等官员，任期三年，每名官员负责管理二个窑。每个窑都生产琉璃瓦上万片，需要烧两次才能出窑。每烧一次需要用柴十四至十五万斤，用泥二十五万斤。

明嘉靖时期，琉璃厂迁到了北京西郊的琉璃渠村。虽然，琉璃厂迁走了，但其旧址并没有走向衰落，不仅保留了琉璃厂的名称，还成为文人、学者的聚集之所，当时各地来京参加科举考试的举人大多集中住在这一带，因此在这里出售书籍和笔墨纸砚的店铺较多，形成了较浓的文化氛围。这种文化氛围一直保留到现在。

正吻

太和殿正脊的两端，有龙头状的装饰，称为“正吻”。它是紫禁城中体量最大的正吻。正吻表面饰龙纹，龙爪腾空，怒目张口吞住正脊，作为整个建筑驱灾避邪的镇殿之物，象征着皇权的威严和至高无上。

正吻压在前后两坡及山面一坡瓦垄的交汇处，左右有两条戗脊与之相交。它由十三块琉璃构件组成（不包括剑把），连吻座、插剑、背兽共计十六件组成一份。

正吻主体为龙的形象，龙背上插着一把宝剑，只露出剑把，其寓意为：太和殿怕着火，龙可以喷水，水可以灭火；为了不让龙飞走，因此用剑插在龙身上，以寄托避火的愿望。

太和殿正吻上纹饰非常精美，**鳞片、龙爪的关节都雕刻得活灵活现，**有很强的立体感，体现出清代工匠精湛的工艺水平。

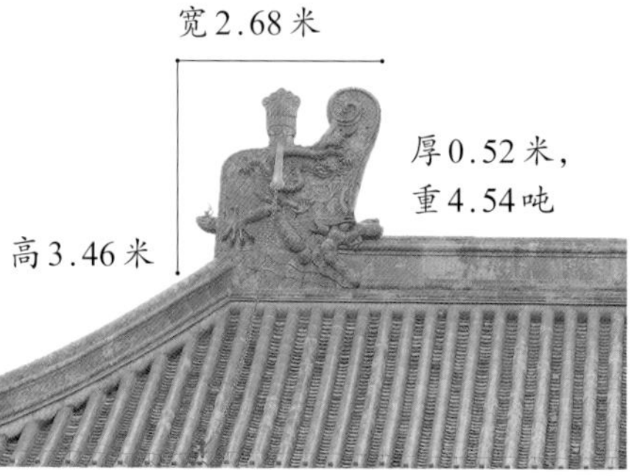

宽2.68米

厚0.52米，
重4.54吨

高3.46米

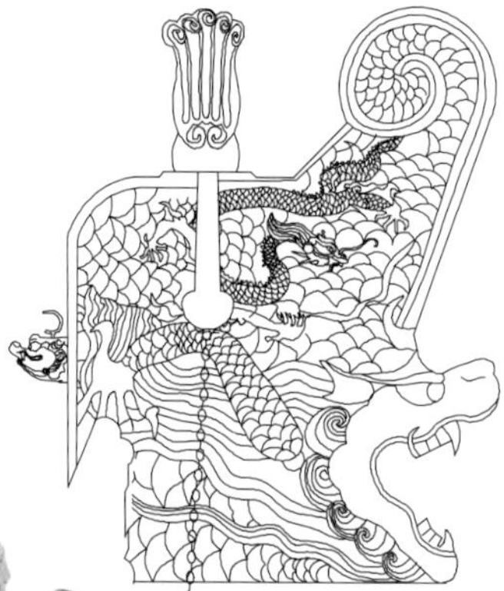

每两个琉璃构件相接处都用铜鎏金的铁钉（俗称扒锔子）固定把牢

太和殿正吻

紫禁城古建筑屋顶上的正吻被视为神物，制成后要派一品大员前往烧造窑厂迎接，安装正吻时还要焚香，行跪拜仪式，以表敬意。《太和殿记事》记载有：在1696年六月二十一日上午七点左右，举行了盛大的迎接正吻仪式；六天后，把正吻安装在了太和殿屋顶上，1696年六月二十七日上午七点左右，安装正吻，插上剑把，再把屋脊上最后一块瓦盖好，此时建筑正式完工。

瑞兽

紫禁城古建筑的屋顶通过瑞兽数量来体现建筑的等级，瑞兽数量越多，建筑等级越高。太和殿屋顶上瑞兽的数量是紫禁城中最多的，且数量是双数，共10个，依次是：龙、凤、狮子、天马、海马、狻猊、押鱼、獬豸、斗牛、行什，这在紫禁城为孤例。

太和殿重要建筑特色之一，就是屋顶上有形态各异的小动物，它们被称为“瑞兽”，整齐排列在仙人骑凤的造型后面。从功能来看，太和殿屋顶的瑞兽装饰，最初的功能是保护屋脊上的钉子。

瑞兽变化多端的造型使得紫禁城古建筑屋顶生动有趣，展示了中国古建筑特有的艺术效果。建筑学家梁思成、林徽因曾评价屋顶脊兽装饰：使本来极无趣笨拙的实际部分，成为整个建筑物美丽的冠冕。由此可知，太和殿古建筑屋顶上的瑞兽像集实用与观赏于一体。

瑞兽5个　龙、凤、狮子、天马、海马

瑞兽1个　龙

瑞兽3个　龙、凤、狮子

固定脊瓦的钉子

因为屋脊作为屋面两个坡的交线，该位置既有坡度，而且泥背也非常厚。这使得该部位的瓦件容易在自重作用下下滑，并导致雨水渗入。为了防止泥背上的瓦件下滑，常常用钉子来固定该部位的瓦件。

除了装饰功能之外，瑞兽还具有一定的实用功能。固定脊瓦的钉子很容易在空气中锈蚀，且雨水容易沿着钉子渗入屋顶基层。为了保护钉子，古代工匠便在钉子上盖了一顶瑞兽造型的“帽子”。其材料与瓦件相同，或为琉璃，或为普通黏土。这样，小兽造型的“帽子”增加了瓦件的重量，增加了瓦件与泥背之间的摩擦力，有助于钉子阻止瓦件下滑，同时还避免钉子暴露在空气中。随着古代施工技艺的成熟化，小兽装饰逐渐与屋脊部位的瓦件连成一体了。

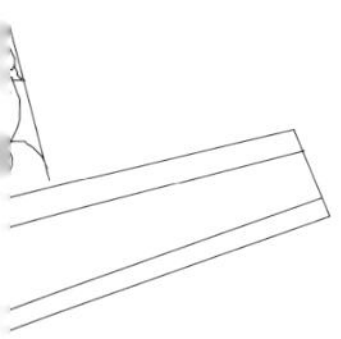

瑞兽与脊瓦连成一体

瑞兽 9 个 龙、凤、狮子、天马、海马、狻猊、押鱼、獬豸、斗牛

清康熙三十四年(1695)，梁九奉命重建太和殿，把太和殿的平面布局由九间改为十一间，以解决楠木不足问题。然而重建前的太和殿开间数量为九间，对应屋顶上的小兽数量是9个。而梁九重建太和殿时，将太和殿开间数量由九间变成十一间。这样一来，屋顶又要重新排瓦，且排列瓦件时，其对应的尺寸要发生变化。排完9个小兽后，每个檐角恰恰多余一块位置，恰能多放一块瓦。梁九决定在这个空的位置增加一个新的小兽，即行什，并获康熙帝批准。

紫禁城古建筑屋顶的瑞兽数量可为1个、3个、5个、7个、9个。瑞兽排列有序，天马、海马可互换，狻猊、押鱼可互换，数量均为单数。

瑞兽 7 个
龙、凤、狮子、天马、海马、狻猊、押鱼

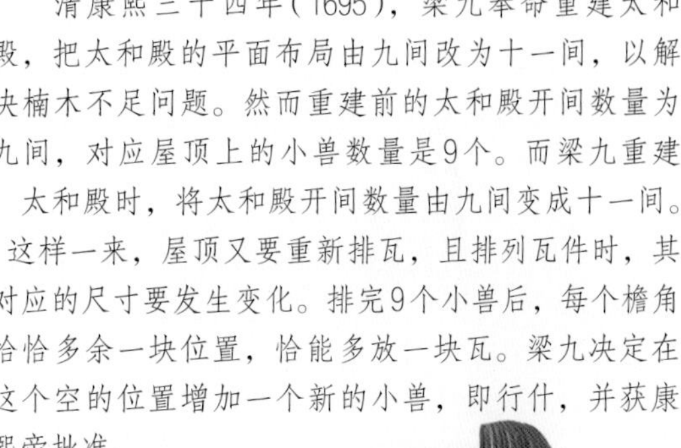

太和殿屋顶瑞兽

瑞兽的文化含义

龙

龙是天子化身。自秦始皇被称为“祖龙”、汉初刘邦时“龙”正式成为皇帝的代称后，历代帝王都认为“龙为君像”，自称为“真龙天子”，龙的形象便成为了皇帝的象征。

龙象征帝王

龙之所以具有这种文化象征意义，是因为传说及神话中龙上天则腾云驾雾、下海则追波逐浪、在人间则呼风唤雨，拥有无比神通。但更重要的，几千年来龙常常作为中国奴隶、封建社会中最高统治者的“独家专利”，是皇权的代名词。

凤

凤本意凤鸟，后因凤、凰合体，成为凤凰的简称。凤凰是中国神话传说中的百鸟之王，雄的称凤，雌的称凰，通称凤凰。

凤寓意吉祥美好，亦是皇权的象征，代表皇后嫔妃。

凤凰在远古图腾时代被视为神鸟而被崇拜。它头似锦鸡、身如鸳鸯，有大鹏的翅膀、仙鹤的腿、鹦鹉的嘴、孔雀的尾。凤是百鸟之首，是人们心目中的瑞鸟，古人认为时逢太平盛世，便有凤凰飞来。“凤”的甲骨文和“风”的甲骨文字相同，即代表风的无所不在，含有灵性力量的意思；凰皇字，为至高至大之意。

海马

“海马”顾名思义，就是生活在海中的马。海马外形与天马类似，高大威猛。

海马给人的印象是奔放、英俊、有活力，具有超常的感知力和无畏的牺牲精神。它们能在波涛汹涌、变化莫测的大海中穿行，敢于抵抗海中凶险的猛兽，是主人的忠实助手，具有自我牺牲的精神，是勇敢、胜利的象征。海马忠勇吉祥，智慧与威德通天入海，畅达四方，驱除海中邪恶，护卫主人平安。

海马象征护卫帝王的海中战神

狮子

狮子相貌凶猛，勇不可挡，威震四方，是百兽之王。

狮子象征护卫皇权

明代马欢著《瀛涯胜览》记载有：狮子的外形如老虎，浑身黑黄，没有斑纹，巨大的头部，张嘴时露出血盆大口，尾巴尖而多毛，又黑又长如长带一般，它能发出雷鸣般的吼声，其他的野兽看到了它，都趴在地上不敢起来，这算是兽中之王了。它高贵、有威严，极具王者风范，被奉为护国镇邦之宝。对于统治阶级和贵族阶层而言，狮子是消灾避邪、维护利益不受侵犯的象征。他们还认为狮子可以带来祥瑞之气。狮文化和堪舆文化结合，使狮子成为一种形象威严的镇殿之宝。

天马

天马的形象在中国古代通常为奔腾的骏马，无双翼，有多种战神形象，表现了汉民族的尚武精神。

天马象征护卫帝王的天空战神

汉朝时，天马是对来自西域的良马的统称，能日行千里，追风逐日，凌空照地，是人们心目中的神马。《汉书·礼乐志》记载说，天神太一赐福，使天马飘然下凡，它奔驰时流出的汗是红色的，好像满脸红血，此马因而被人们称为汗血宝马。这天马情志洒脱不受拘束，它步伐轻盈，踏着浮云，一晃就飞上了天。它放任无忌，超越万里，凡间没有什么马可以与它匹敌，它志节不凡，唯有神龙才配做它的朋友。天马拥有不畏强敌、不怕牺牲、拼搏进取的无量勇气，是将士崇拜的偶像，也是汉民族最重要的图腾之一。为表现“天马”与普通马的不同，常于马下方绘制云朵，表现天马腾云驾雾。

押鱼

押鱼又称狎鱼，是海中的一种异兽，其外形特点为龙首鱼尾、前足有爪、后背有脊。

押鱼寓意
灭火防灾

在中国古代神话中，押鱼是兴云作雨，灭火防灾的神兽，它能喷出水柱，灭火防火。这种能力是紫禁城古建筑非常需要的。紫禁城古建筑以木结构为主，很容易着火。紫禁城自建成以来，在历史上多次着火，如太和殿即在历史上曾历经五次火灾。押鱼以龙与鱼组合的形象，坐落在太和殿屋顶之上，既体现了太和殿作为帝王的场所的形象需要（龙），又兼备防火的象征。

狻猊（suān ní）

狻猊是中国古代神话传说中龙生九子之一，形如狮，头披长长的鬃毛，因此又名“披头”。

狻猊象征**护佑帝王平安的神兽**

“狻猊”一词最早出自《尔雅·释兽》：狻猊外形如浅毛虎，吃虎豹。两晋文学家郭璞做了如下注解：狻猊就是产自西域（今敦煌玉门关以西地区）的狮子。西周《穆天子传》卷一记载有：狻猊如野马，能日行五百里。郭璞注解说：“狻猊就是狮子，吃虎豹”。由上可知，狻猊是外形接近狮子的猛兽，具有善于奔跑、凶猛无比、能食虎豹的特点，亦是威武百兽的率从。

獬豸象征**护卫皇权的神兽**

斗牛

斗牛是传说中的一种虬龙（有角的龙），其外形特征为牛头龙身，身上有鳞，尾巴似鱼鳍。

斗牛与狎鱼作用相近，为镇水兽。在古代，水患之地多以牛镇之。据《宸垣识略》记载有："西内海子中有斗牛，即虬螭之类，遇阴雨作云雾，常蜿蜒道旁及金鳌玉栋坊之上。"由此可知，斗牛是一种兴云作雨、镇火防灾的瑞兽。

斗牛寓意灭火防灾

獬豸（xiè zhì）

獬豸是中国古代神话中的神兽，体形大者如牛，小者如羊，全身长着浓密黝黑的毛，双目明亮有神，额上通常长一角，俗称独角兽。

《清宫兽谱》对獬豸亦有描述，认为：獬豸，外形如山羊，但脑袋前有一个角，有人称它为神羊，还有人称它为解兽。獬豸生长在东北地区的荒林中，性格忠诚直爽，见到有人争斗就用角顶触过错一方，又称为任法兽。执法的人都带着獬豸角形状的帽子，以表示公正。獬豸与"法"是有一定渊源的。"法"的繁体字为"灋"（fǎ），而"灋"由"氵""廌""去"三部分组成。其中，"氵"表示法平如水；"去"表示去掉不平之处；"廌"（zhì）就是指獬豸。因而，在古代，獬豸就成了公正的化身。尽管广义的獬豸代表中国传统的吉祥神兽，在这里寓意却完全不同，它象征着皇权官本及封建礼制神圣不可侵犯，是维护帝王统治的工具。

行什

行什寓意防雷

在紫禁城宫殿建筑中，仅太和殿屋顶有行什。之所以被称为"行什"，是因为该瑞兽在太和殿屋顶排行第十。从外形特征看，行什面部五官奇特，眉毛翻卷，环眼暴睛，朝天鼻，鸟喙嘴，两獠牙，身材壮实，乳凸腹鼓，肩部后方还拖着一对翅膀，双手交叉拄着一杆金刚杵，手掌为十指，但脚部却为四趾，造型似鹰爪。其造型与雷震子有着多处类似之处。

那么，为什么要放"行什"这个神兽呢？原来行什在外形上很像雷公（雷震子），也就是上天主管打雷的神。太和殿曾遭受多次焚毁，其重要原因之一即为雷击所致。梁九在太和殿屋角放置这么一个神兽，寓意非常明显：希望上天多多"关照"，不再让太和殿遭受雷火。

保温技术

太和殿一层屋顶挑檐

太和殿屋顶有着优秀的保温与隔热性能，主要得益于屋顶的泥背层、架空层和挑檐做法。

太和殿的**保温、隔热、排水技术**是紫禁城古建筑中的典范。

泥背层

灰背位于木板基层（望板）之上，泥背层位于灰背之上，是用于铺瓦的基层。泥背和灰背的导热系数和导温系数都比较小，厚厚的泥背层使得古建筑犹如穿上了保暖服，温度的变化很难影响到建筑内部。

太和殿屋顶与天花之间的架空层

太和殿灰背构造 太和殿屋顶的木板基层之上，首先是一层桐油防水，然后依次是护板灰背（生石灰、水、麻丝按比例混合而成）、纯白灰背、铺瓦泥。

太和殿屋顶泥背

挑檐做法

太和殿屋顶檐部向外挑出（为柱高的1/3左右），并略带上翘的弧度，称为挑檐做法。不仅太和殿，紫禁城古建筑均采用挑檐做法，在夏天避免了正午时间的阳光照入室内，而在冬天挑檐的角度使正午的阳光恰能照入建筑最深处。

太和殿屋顶挑檐

中国地处北半球，太阳光从南向北照射。因地球的南北两极并非垂直，而是与太阳有一定的倾斜角度，地球在围绕太阳公转时，太阳光在南回归线与北回归线之间来回移动，四季阳光照射的高度角是不一样的。北京地区的太阳高度角夏季约为76度，冬季约为27度。屋檐往外挑出的尺寸经过计算，使得阳光照射达到特定的效果。

架空层

太和殿的坡屋顶形式使得屋面板与天花板之间形成架空层。架空层在夏天拦截了直接照射到屋顶的太阳辐射热，经过两次传热后，太阳辐射热不会直接作用在建筑内部；同理，架空层的存在使得冬天室外寒冷的空气也不能直接传入建筑内部，保证了古建筑内部温度的恒定性。

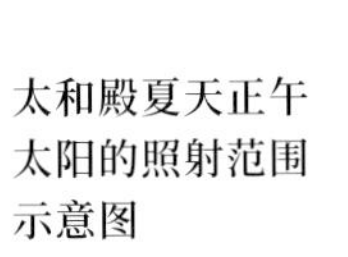

太和殿夏天正午太阳的照射范围示意图

冬天早上，阳光尚未照入室内，随着太阳角度升起，建筑内部逐渐接受光照。而到正午时分，阳光正好射入了室内最内侧墙位置。整个过程犹如对建筑逐步加热的过程，使得殿内暖意洋洋。

在夏天早上温度较低时，太阳照射到建筑内部。随着室外温度升高，太阳照射室内的范围逐渐减小。正午时分，太阳几乎位于建筑正上方，但其只能照射到檐柱外面，因而热量无法传入建筑内部。整个过程犹如一个对建筑的降温过程，使得炎热的夏天屋内始终保持一丝凉意。

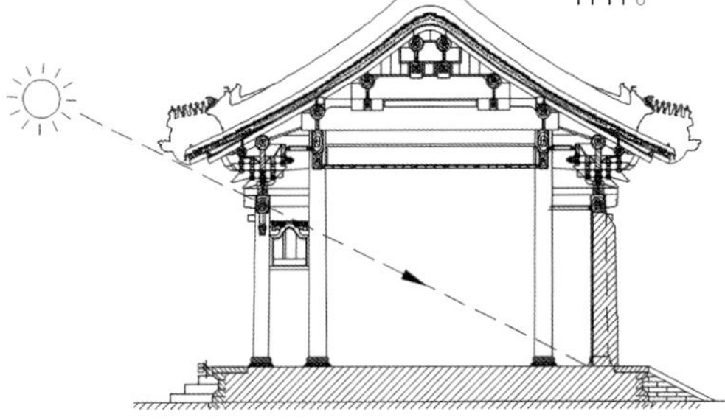

太和殿冬天正午太阳的照射范围示意图

排水技术

太和殿屋顶还有优秀的排水性能。屋顶的曲面形式和瓦面层（瓦面层由底瓦与盖瓦组成，形成一道道瓦垄）的铺设是极其有利于屋顶排水的。

《周礼·考工记》形容这种屋顶坡度为：上半部分陡峭，下半部分平缓，能够又快又远地把水排出。

太和殿屋面的坡度是屋顶部位陡峭、屋檐部分平缓，使得雨水落到屋顶上部时迅速下排，落到屋檐部位则水平向外排出。这种巧妙构造的功效与优势主要体现在排雨速率上，并且不容易产生积水的现象。除此之外，太和殿屋顶出檐深远，防止了雨水对建筑木构件的侵蚀，保护其内部梁柱与斗拱构造的完好。

太和殿共计使用铜板瓦**2616**块。铜板瓦的使用**体现了古人的环保理念**。

左右坡每坡有73垄正身底瓦，每垄有铜板瓦6块。

太和殿前后坡每坡有145垄正身底瓦，每垄有铜板瓦6块。

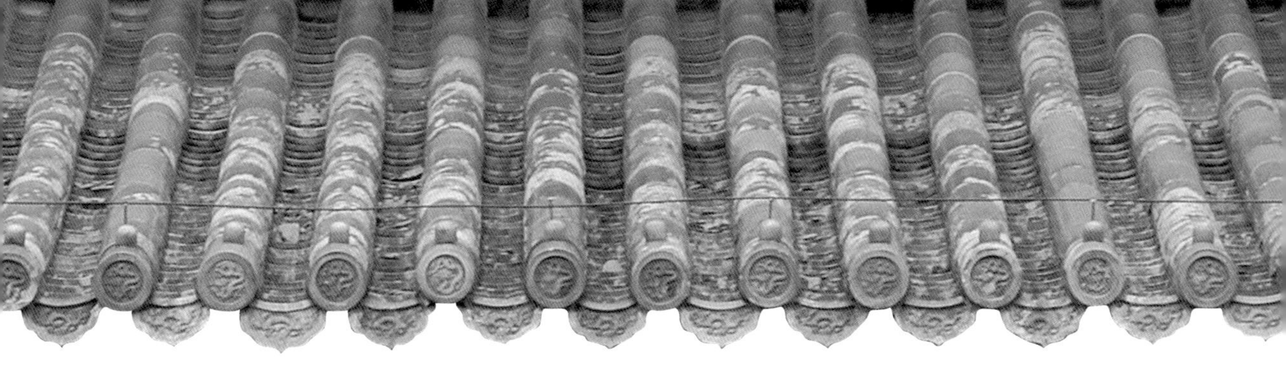

底瓦

底瓦又称板瓦，形状上凹，铺墁时上层瓦压下层瓦，使得雨水由上往下排出时，不会渗入到下面的泥背层。

盖瓦

底瓦的两端由竹筒状的盖瓦连接，盖瓦内有着厚厚的铺瓦泥，对接缝起到了密封作用，并且使得底瓦层由上而下形成了一道道排水线。

铜板瓦

太和殿屋顶的铜板瓦可以避免一层底瓦的频繁更换，从某种意义上节约了瓦件材料，并避免了繁琐的揭瓦工序对木基层的扰动。太和殿为二层重檐屋顶，为避免二层屋檐的雨水频繁掉落，砸坏一层对应位置的瓦件尤其是底瓦（板瓦），太和殿施工负责人梁九下令将一层上述板瓦由普通琉璃瓦改为铜板瓦。

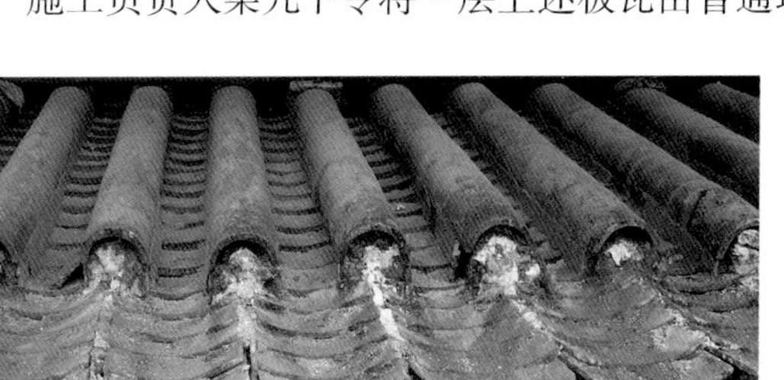

太和殿一层屋顶的铜板瓦

猫头

最下端的猫头，做成圆饼状，其主要作用是遮挡两个底瓦的端部，防止雨水渗入。

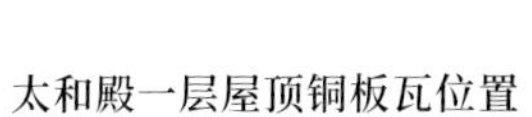

太和殿一层屋顶铜板瓦位置

屋顶的宝匣

太和殿无论是在建造还是修缮过程中，都富有神秘主义色彩，其主要内容之一，即在屋顶正脊正中安放镇物——“宝匣”。

太和殿在屋顶施工结束前，施工人员要在屋顶正脊中部预先留一个口子，称为“龙口”。尔后会举行一个较为隆重的仪式，由未婚男工人把一个含有“镇物”的盒子放入龙口内，再盖上扣脊瓦。该盒子被称为宝匣，而放置宝匣的过程称为“合龙”。在维修时，要将龙口中宝匣取出，该过程称为“请龙口”。维修工程结束前，还需将宝匣归安龙口。古人用龙来形容建筑屋顶正脊，而合龙则表示龙口含镇物，可保佑建筑消灾避难，长久稳固。紫禁城内无论建筑级别高低，正脊龙口位置均会放置宝匣。

据《太和殿记事》记载，康熙三十四年（1695年）重建太和殿，宝匣内放：五金：金、银、铜、铁、锡各一锭。金钱：八个，每个重一两七钱。五色宝石：红宝石、蓝宝石、翠、碧玺、玉石，各一块。经书：五卷（系忏咒）。五色缎：五块。五色线：五缕。五香：红绛香、黄芸香、紫沉香、黑乳香、白檀香各三钱。五药：生地黄、木香、河子、人参、茯苓各三钱。五谷：高粱、黄米、粳米、麦、黄豆。

太和殿龙口

龙口位置

宝匣内的镇物，又有“禳镇物”“辟邪物”“厌胜物”等名称。在古代，镇物以有形的器物表达无形的观念，在心理上帮助古人面对各种实际的灾害、危险、凶殃、祸患以及虚妄的神怪鬼祟，以克服各种莫名的困惑与恐惧。清张尔岐《蒿庵闲话》卷二中有“其梁上有金钱百二十文，盖镇物也”，可反映用铜钱来当作驱恶避邪的器物的行为。皇家宫殿建筑屋顶放置宝匣，是与民间传统建筑文化习俗密切相关。中国民间盖房上梁时有悬挂“上梁大吉”字条、抛元宝、安放镇物等祈求平安的方式，以表达对美好事物的追求和对趋利避害的愿望。

五金：金、银、铜、铁、锡

五色线：红、黄、蓝、白、黑色丝线各一缕

五色珠宝：红宝石、蓝宝石、翠、碧玺、玉石

铜钱24枚，上铸有“天下太平”四汉字，也有满汉文合璧的

经书

故宫太和殿宝匣的合龙仪式反映了修缮古建筑的理念，不仅要保护古建筑本身，还要保护古建筑蕴含的传统文化观念。

太和殿宝匣在上世纪50年代的一次修缮中被取出，一直存放在库房中。2007年9月5日上午，故宫博物院在太和殿大修结束前，举行了隆重的宝匣“迎龙口”（合龙）仪式。此次放回的太和殿宝匣为铜质抽屉式，表面鎏金，刻有龙纹，并带有封装镇物用的销子。太和殿宝匣内的镇物包括五金、五色缎、五色线、五香、五药、五谷和五卷经书的残存部分。

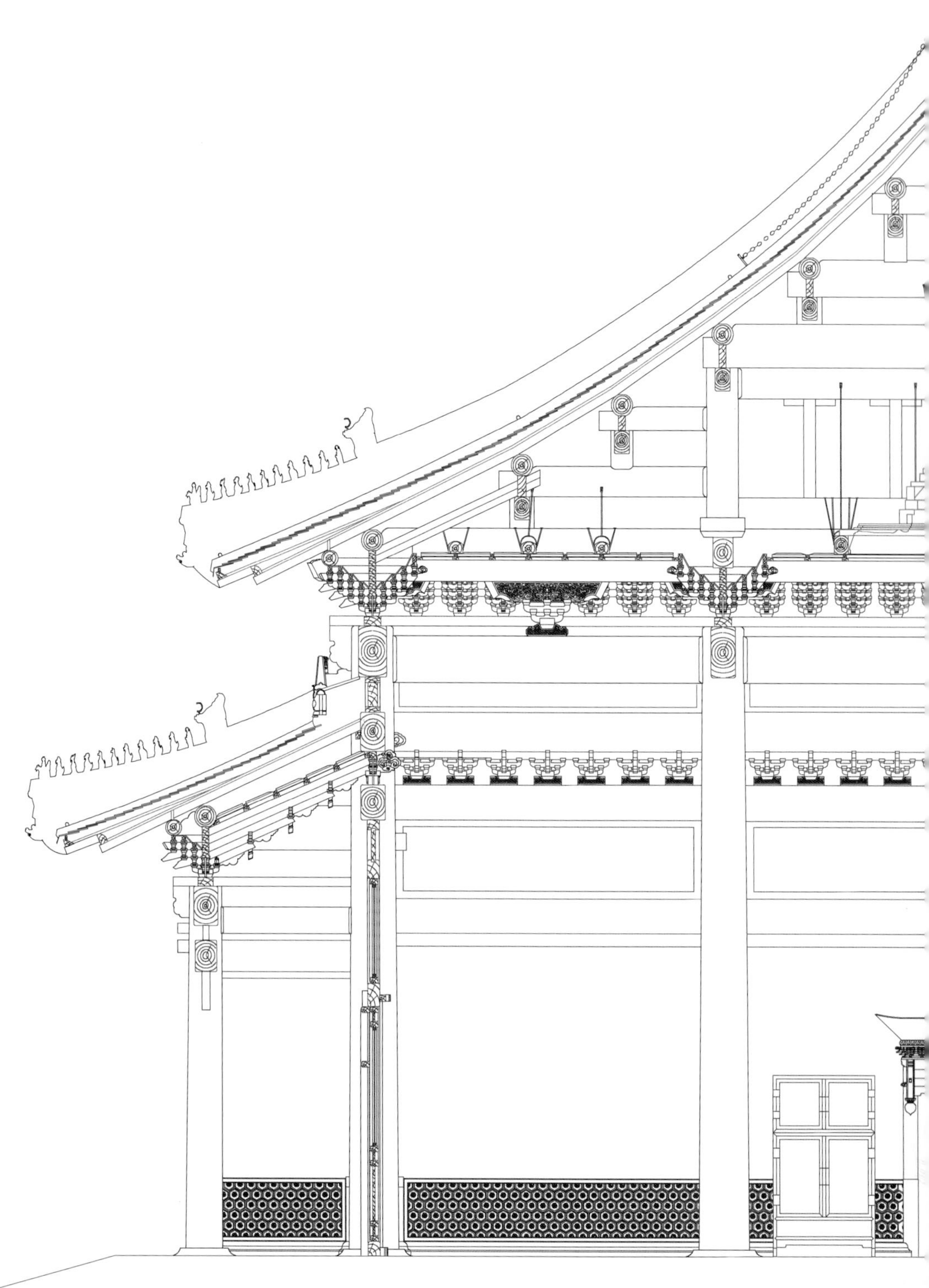

第六章

陈设

太和殿的室内外陈设也是反映建筑功能和艺术历史的重要内容。这些陈设或为建筑附属小品，或为各种器物，或为形象各异的雕塑，集使用功能、审美价值及文化寓意于一体。

(lù)

甪端

甪端和麒麟一样，属于中国汉族神话中的一种神兽。其外形怪异，传说能日行一万八千里，通晓四方语言，身在宝座而晓天下之事，四海来朝，八方归顺，护佑天下太平。

太和殿宝座前有一对甪端护卫在两侧。甪端头上有一犀角，二目圆睁，口微张。狮身龙背牛尾，背部布满鳞纹。四只熊爪踏在一条蜷曲的蛇上。这对甪端是太和殿中重要的香器，其头部可以掀开，腹部是中空的，在里面放上香料点燃，一股祥瑞之气就从甪端口中冉冉升腾。甪端在紫禁城宫殿中皇帝的宝座前多有陈设，使殿堂中的气氛更加肃穆威严。

太和殿宝座前的甪端

甪端寓意光明正大，秉公执法，象征着宝座上的皇帝是有道明君。

掐丝珐琅甪端

乾隆款掐丝珐琅花卉纹盘蛇甪端香熏

有人把“甪端”读成“角端”。《辞源》里有：“甪”本为“角”字，“角”本有“禄”音，“甪”为“角”字省笔而产生的。故宫博物院藏《清宫兽谱》对甪端形象记载如下：“角端，似猪，或云似牛，角在鼻上。出胡林国。《宋（书）符瑞志》曰：角端日行万八千里，又晓四夷之语。圣主在位，明达方外，幽远则奉书而至。耶律楚材谓为旄（毛）星之精，灵异如鬼神。”

掐丝珐琅甪端香熏

乾隆款掐丝珐琅甪端香熏

《宋（书）符瑞志》记载的耶律楚材与甪端有何关系呢？据《元史》卷一《太祖纪》、卷一百四十六《耶律楚材传》记载：1398年12月，成吉思汗率领强大的蒙古骑兵攻打印度，部队攻到印度河，遥见河水蒸气磅礴，日光迷蒙。将士们口干舌燥，纷纷下骑饮水，忽见河滨出现一个有角的大怪兽，形状像鹿，有马尾巴，浑身绿色，声酷似人音，仿佛有“汝主早还”四字。耶律楚材乘机对成吉思汗说，这种瑞兽名叫甪端，是上天派来儆告成吉思汗，为了保全民命，尽早班师。成吉思汗于是奉承天意，没有行进，回马班师。也就是说，甪端作为瑞兽兼神兽，在历史上是成吉思汗停止攻打印度的主要原因。而实际上有学者认为，成吉思汗遇到的应该是亚种“奥卡狓”。由于该异兽极为罕见，耶律楚材借此讲出“甪端”故事，以劝说成吉思汗班师。

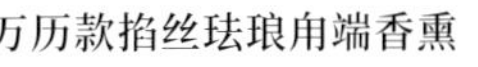

万历款掐丝珐琅甪端香熏

甪端昂首，独角，通体饰豆绿色，珐琅地，用红、黄、蓝、白等色珐琅填饰纹样。甪端的头部可掀开，以便放置熏香。头部内镌楷书“大明万历年制”六字款。

亚种“奥卡狓”

四肢细长，形如长颈鹿，肩高约1.5-1.6米，是世界上最珍稀的动物之一，仅分布在非洲扎伊尔东部的热带雨林地带。

《清宫兽谱》中的甪端像

宝象

“象”与“祥”字谐音，故象被赋予了许多吉祥的寓意。太和殿宝座前有驮宝瓶（平）宝象一只，寓意为“太平有象”，集礼仪、护卫、吉祥等寓意于一体。

传说五帝之一的舜是中国历史上驯服野象耕田犁地的第一人，在他死后陵墓前曾出现大象刨土、彩雀衔泥的瑞兆，这应该是“太平有象”的最早传说。此后，人们运用谐音、象征等手法，把“太平有象”用图画、雕刻等形式表达出来，寓意天下太平、五谷丰登。

皇极殿内的宝象

紫禁城其他宫殿中亦有宝象陈设，如皇极殿内的宝象，其样式与太和殿宝座前的宝象基本一致。

金鞍鞯青金石太平有象

太和殿宝座前的宝象

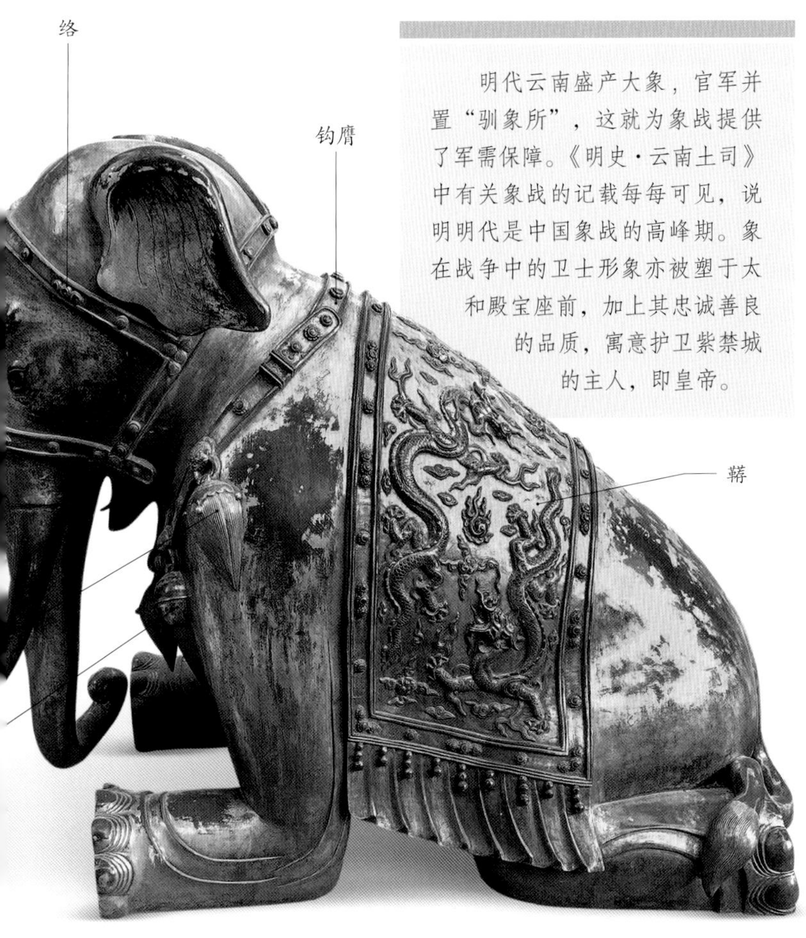

明代云南盛产大象，官军并置“驯象所”，这就为象战提供了军需保障。《明史·云南土司》中有关象战的记载每每可见，说明明代是中国象战的高峰期。象在战争中的卫士形象亦被塑于太和殿宝座前，加上其忠诚善良的品质，寓意护卫紫禁城的主人，即皇帝。

丁观鹏画弘历洗象图轴

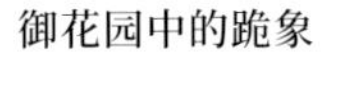

御花园中的跪象 在举行重大仪式时刻，仪象会出现在紫禁城内显要位置。而御花园内的跪象，其装束与皇帝“法驾卤簿”中的宝象相似，其跪立于御花园北门内，亦有“接驾”礼仪之寓意。“象”与“祥”谐音，“跪”与“贵”谐音，因而御花园的跪象又可寓意为“富贵吉祥”，即帝王所在之处豪华壮丽，帝王及其统治平安祥和。

画珐琅太平有象

掐丝珐琅太平有象

彭城窑仿定白釉象式花插

佛祖释迦牟尼的母亲梦到白象后生下了他，所以在佛教中白象是佛祖的化身。唐玄奘译《异部宗轮论》记载：一切菩萨入母胎时，都作白象形。

鹅黄色太平有象纹暗花缎

佛教还认为大象支撑着天地，从而在一些佛教印章中，有象背盖罩毯的图案。

鹤

太和殿前铜鹤立面

太和殿前铜鹤的制作年代为乾隆九年（1744）十一月十八日，由造办处辖属的铸炉处制作。铜鹤立在高约0.6米的须弥座上，背上有活盖，腹中空与口相通，可于铜鹤腹内燃点松香、沉香、松柏枝等香料，青烟会从铜鹤口中袅袅吐出。

太和殿内宝座旁有鹤一对，太和殿前亦有铜鹤一对。鹤具有吉祥美好的寓意，自古以来就被宫廷视为宠物，乾清宫、翊坤宫、慈宁宫、重华宫、长春宫、养心殿等宫殿也均有铜鹤陈设。

据《清宫内务府造办处档案总汇》记载，乾隆皇帝曾经传旨说：太和殿现在安装的龟鹤尺寸太小了，让佛保（人名）做一对尺寸放大的。

太和殿宝座旁铜鹤

春秋时期卫国国君姬赤，宠鹤到了如醉如痴的程度。他在京城郊区专门开辟了一块地方，用来养鹤，号称鹤城。皇宫里头也处处养鹤，他整天以观鹤舞、听鹤鸣为最大的乐事。

汉景帝的弟弟梁孝王刘武建的园林中有“鹤州凫渚”，如《西京杂记》所说，梁孝王喜欢营建豪华宫殿和园林用于享乐，在大雁嬉戏的水池之间修建了供鹤休憩的小岛。唐朝皇帝李世民喜好在宫中养鹤，并写有“蕊间飞禁苑，鹤舞忆伊川”“彩凤肃来仪，玄鹤纷成列”等诗句。

乾隆御极之后，对大型铜器极为重视，频频下令制造，或为内廷，或为园囿，或为寺庙。这些铜器品种多，体量大，重则数百斤甚至上万斤，铸造用时从几个月到几年不等，在铜器制造史上，称得上是空前绝后的盛世工程。部分铜器安设后至今仍在原处。太和殿前铜鹤的制造材料为黄铜。黄铜相对于铁器材料而言，具有不易锈蚀的特性，因而数百年来，铜鹤一直保持完好。

沈铨松鹤图轴

太和殿宝座旁铜鹤

慈宁宫前的铜鹤

乾清宫前铜鹤

翊坤宫前的铜鹤

宋徽宗赵佶喜欢画鹤，曾绘有《瑞鹤图》。在庄严耸立的汴梁宣德门上方，十八只丹顶鹤在祥云中翱翔盘旋，神态各异，无一雷同；另二只站在殿脊的鸱吻上，回首相望，整幅画精微细腻。

《瑞鹤图》局部

元武帝乘船赏月时，让宫女分成两队，左为凤队，右为鹤团，歌舞或游戏。

到了清代，鹤的地位亦上升到皇家殿堂之上。御花园的东南侧，降雪轩前曾有一片裸露的黄土地，在清朝时是皇帝用来养鹤的地方，名为鹤圈。

霸 下

霸下属于古代异兽，因谐音“益寿”而成为驱灾避邪的象征。

太和殿前有龟形神兽，即为霸下。龙头，龟身，脖子微弯，身姿威武，喜欢负重，力大无穷，经常上背石碑。霸下是长寿和吉祥的象征，寓意帝王江山永固长青。

《坚瓠集》里面说：“有人称之为赑屃，其外形和乌龟相似，喜欢驮着重物。现在人们看到的石碑下面的动物就是它”。在上古时代的中国传说中，霸下常背起三山五岳来兴风作浪。后被夏禹收服，为夏禹立下不少汗马功劳。治水成功后，夏禹就把它的功绩，让它自己背起，故中国的石碑多由它背起的。

太和殿前霸下

太和殿前铜缸

明清时期铜（铁）缸被称为“门海”或“吉祥缸”“太平缸”，主要用途就是执行防火任务。缸体普遍较大，里面可以盛放许多水；缸体被石块支起，冬天可在缸底生火，以防止缸内存水结冰；两边配有兽面（椒图）拉环，以方便搬运。

太和殿前霸下

铜龟的背项有活盖，腹中空与口相通，太和殿举行盛大典礼时，于铜龟腹内燃点上松香、沉香、松柏枝等香料，青烟自铜龟口中袅袅吐出，增加了“神秘”和“尊严”的气氛。

铜（铁）缸

太和殿前有铜缸4个。太和殿广场前有铁缸38个。其高度在1.0—1.4米左右，直径1—2米不等。

紫禁城现存大缸231个，设置这些大缸的最初意图是为了防火，但是经历了岁月的洗礼之后，大缸的价值不只局限于消防，它们还是紫禁城中不可或缺的陈列品，成为了紫禁城历史文化的重要组成部分。而对于太和殿前铜缸而言，它们还是紫禁城沧桑历史的见证者。清光绪二十六年（1900年），八国联军攻陷北京，闯入紫禁城，用刺刀砍刮太和殿前的大缸，直至华美的鎏金层完全剥落。这些刀痕至今还清晰可见，成为中国近代史上永久的伤痕。

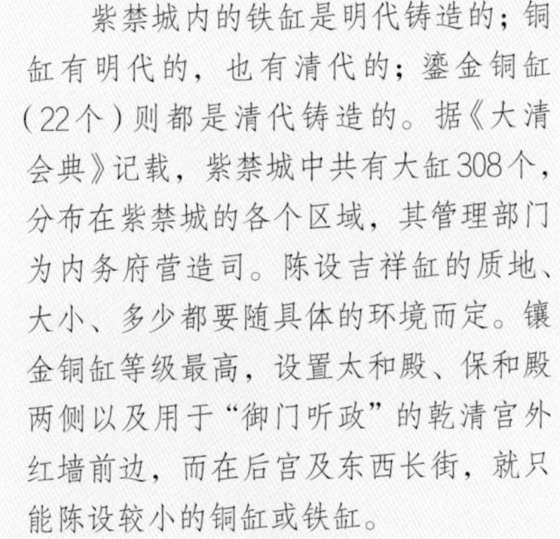
紫禁城内的铁缸是明代铸造的；铜缸有明代的，也有清代的；鎏金铜缸（22个）则都是清代铸造的。据《大清会典》记载，紫禁城中共有大缸308个，分布在紫禁城的各个区域，其管理部门为内务府营造司。陈设吉祥缸的质地、大小、多少都要随具体的环境而定。镶金铜缸等级最高，设置太和殿、保和殿两侧以及用于“御门听政”的乾清宫外红墙前边，而在后宫及东西长街，就只能陈设较小的铜缸或铁缸。

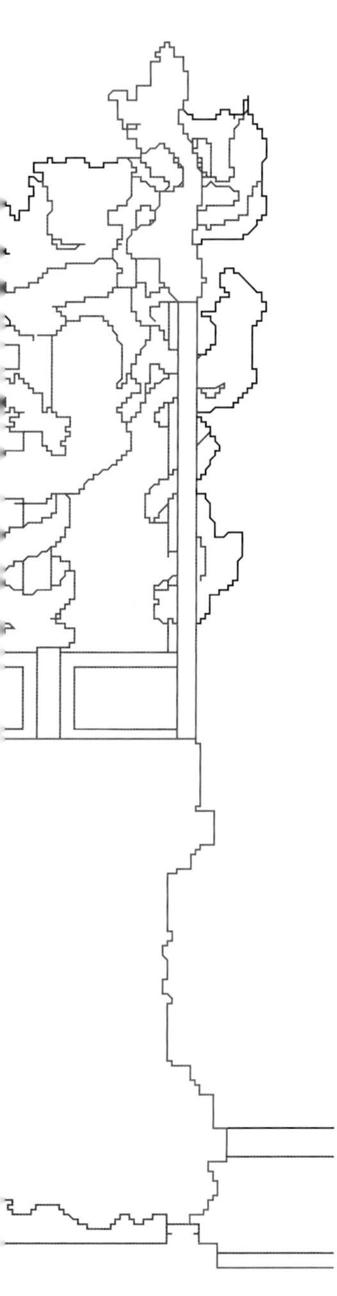

第七章

色彩

敷色与施彩，是两种建筑色彩工艺：敷色是用单色涂刷或用单色建材铺装建筑表面；施彩即“彩绘”或“彩饰”，如多色建材拼花工艺。这两种工艺运用在太和殿上，一是起到保护暴露在外的木构件的作用，二是起到美化和表意的作用。

太和殿的颜色

紫禁城建筑的严格等级性，不仅表现在建筑形式上，还表现在色彩上。太和殿在室外采用红、黄为主的暖色，在室内采取以青、绿为主的冷色，这是色彩与皇权和谐的体现。

《周易·坤》认为，君子的优良品质好比黄色，他身居正确的位置，通达明理。所以黄色为中和之色，是最正统、最美丽的颜色，也是皇权的象征。

蓝天与黄瓦、绿色屋檐与红色柱子、白色台基与灰色地面，形成雄伟、壮丽的色彩感觉。

瓦面

太和殿瓦面的颜色是黄色的。黄色为中和之色，是皇权的象征。屋顶瓦面采用黄色，寓意紫禁城的建筑为皇帝专用，是皇帝行使权力的场所。

布瓦

平民百姓的屋顶瓦面颜色不能用黄色，一般用黑色。这种黑色的瓦面在古代称为“布瓦”，而平民百姓则被称为“布衣”。

原始社会时期

建筑形式为茅草棚屋，建筑色彩以草、木、土等材料本色为主，少有人工堆砌的色彩装饰，建筑外观简单质朴。随着社会生产力水平的提高及人们审美意识的增强，开始在建筑上使用红土、白土、蚌壳灰等有色涂料来装饰和防护，后来又出现石绿、朱砂、赭石等颜料。不同色彩的运用，多取决于居住者的图腾信仰或个人喜好。

春秋时期

强烈的原色开始在宫殿建筑上使用，在色彩协调运用方面积累了大量的经验。

屋檐

梁枋与斗拱是青绿色的。由于屋檐向外挑出，在梁枋下部及斗拱部位会出现阴影。青绿色属于冷色调，在阴影中显得空气感强，增强了建筑的高度感。

南北朝，隋唐时期

官殿，寺庙，官式建筑多用白墙、红柱。并在柱枋、斗拱上绘制彩画。屋顶覆盖灰色或黑色瓦片，以及一些琉璃瓦。屋脊则采用不同的颜色，与后期的“剪边”式屋顶相呼应。唐代建筑归“礼部”所管，建筑有了统一的规划，因此有了等级的划分。附在建筑上的色彩也就成了等级和身份的象征：黄色为皇室专用，皇宫和庙宇多采用黄、红色调，民舍只能用黑、灰、白等素色。

宋元时期

宫殿采用白石台基、黄绿各色的琉璃瓦屋顶，中间采用鲜明的朱红色墙、柱、门和窗，廊檐下运用金、青、绿等色加强了建筑物在阴影中的冷暖对比，这种做法一直影响到明清。

太和殿顶棚（天花）

柱架和墙体

柱架和墙体的颜色为红色。红色给人充实、稳定、有分量的感觉，体现阳刚之气，有护卫皇家建筑之意。从功能上讲，墙体对建筑起到保护作用，柱子则是支撑屋顶的重要构件，采用红色，强化二者的防御、保护之意。

顶 棚

太和殿的殿内顶棚颜色以青绿色为主。青绿色安静、沉稳，凸显空间内部的高深与宽阔。

地 面

太和殿地面为金砖地面，从位置及功能角度上讲，太和殿地面不宜采用亮丽的色彩，因而采用了灰色。

太和殿槛窗边框的金棱线

色彩互补的主要作用在于突出建筑的功能，满足视觉的平衡，增强建筑的整体感。隔扇和槛窗之间棱线上采用了金色。实现了红色与黄色的协调与过渡，使得整个建筑产生流光溢彩的效果。

台基和栏板

太和殿台基栏板和望柱有精美的龙凤纹雕刻，采用洁白的汉白玉材料。白色是高雅、纯洁与尊贵的象征，汉白玉龙纹凸显了建筑的高贵。

地面的灰色位于各种色调中间，形成了很好的补色效果。同时，灰色地面与白色栏板亦形成鲜明的对比，使得同样为中间色调的白色获得了生命。

太和殿前台基与丹陛石　白色的台基与红色的柱子形成鲜明的对比。

剪边

建筑屋檐部分的瓦顶颜色与屋顶其他部位颜色不同，犹如被“剪去”一样。

古建筑中，剪边可以侧面反映建筑的其他功能。绿色的瓦顶常见于古代园林建筑中，以突出与绿植一致的休闲氛围。但建福宫花园的瓦面在屋檐位置则采用了黄剪边，黄色是帝王专用的颜色，象征这座花园建筑是皇帝的花园。

建福宫花园的黄剪边屋顶

彩画

太和殿的主要特征之一就是木构件上绚丽的彩画。彩画一方面可有效保护木构件，另一方面也能起到美化及装饰作用。

彩画可分为和玺彩画、旋子彩画和苏式彩画三种类型，不同的类型有其相应的适用范围。彩画在梁枋上的布局大体还可分为三段：枋心、藻头和箍头。对于不同等级的建筑而言，不同类型的彩画被画在在梁枋的不同位置上。作为明清帝王执政及生活的最高殿堂，太和殿的油饰彩画体现了皇家建筑的威严和尊贵。

地仗层 油饰彩画有保护木构件免遭日晒、雨淋、虫咬的功能。在木构件与颜料层之间有一层混合材料，被称为地仗层，地仗层对保护木构件起到了关键作用，它由猪血、砖灰、面粉、桐油、麻等材料混合调制而成，这种混合材料便于与彩画颜料结合，且不会与颜料层发生任何化学反应。

太和殿后檐椽子彩画

太和殿前檐和玺彩画

紫禁城中和玺彩画的等级最高。

和玺彩画

太和殿梁枋上的枋心、藻头、箍头内均绘有以龙或凤纹为主体的和玺彩画。和玺彩画是最高等级的彩画类型。和玺彩画多绘龙凤。枋心绘龙的，称为金龙和玺彩画，常见于前朝三大殿及乾清宫。绘以龙和凤的，称为龙凤和玺彩画，常见于交泰殿、坤宁宫等内廷重要的宫殿建筑。和玺彩画构图严谨，纹饰绚丽，且大面积使用了沥粉贴金工艺。首先用土粉与胶的混合物沿着龙、凤纹饰的轮廓描绘出隆起的形状。然后用金箔（真实的金子压成薄片）贴在隆起的表面，使得彩画图案达到金碧辉煌的效果。

旋子彩画

旋子就是在藻头部位使用了一层层带旋涡状花瓣纹饰的图案。旋子彩画的等级较低，主要绘于次要的配殿、门楼的梁枋上，如钟粹宫、熙和门等。旋子彩画在藻头中心绘制旋眼（花心），旋眼即成旋花状向外层层扩展。由外向内的每层花瓣分别称为头路瓣、二路瓣、三路瓣等。

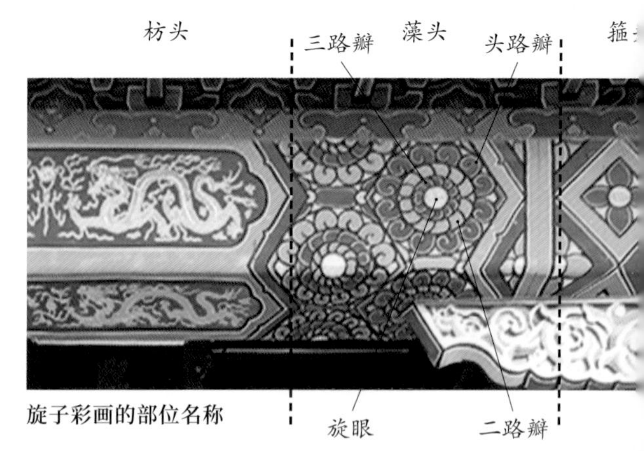

旋子彩画的部位名称

枋心主题含龙纹及锦纹花卉的彩画，称为龙锦枋心。

熙和门明间锦（上）龙（下）枋心旋子彩画
锦纹花卉在上，龙纹在下

熙和门次间龙（上）锦（下）枋心旋子彩画
龙纹在上，锦纹花卉在下

西华门城楼一字枋心旋子彩画 有的旋子彩画在枋心仅仅绘制一道墨线，称为一字枋心。

故宫建福宫游廊梁架苏式彩画

最上面的梁为海墁彩画，其余的梁为枋心苏画，藻头绘制卡子，箍头无绘图

苏式彩画藻头部位绘制卡子（分为软卡子与硬卡子，软卡子线条圆滑，由弧线构成卷草状；硬卡子则为多条直线段构成）、聚锦（以各种自然物为题材，经过艺术加工后形成的图形的统称，常见动物、植物、果实、器皿、道教、佛教八宝纹饰等造型，聚锦内常绘人物、山水画、花鸟植物画等吉祥寓意图案）等图案；箍头内则绘回纹、万字、联珠、方格锦等图案。

苏式彩画可分为枋心苏画、包袱苏画、海墁苏画三种。包袱苏画是将檩、垫板、枋三个构件的枋心连为一体，绘制一个大的半圆形装饰面，如同一个包袱。海墁苏画没有枋心和包袱，也不设任何画框，可在构件上随意画上花纹作为装饰。

苏式彩画

紫禁城中，苏式彩画的等级最低，在图案中不能嵌入龙和旋子图案，一般绘于紫禁城花园内的楼、台、亭及后宫中的部分生活建筑上，如旭辉亭、云光楼、古华轩、体和殿等。

苏式彩画源于江南。明永乐帝营建紫禁城时，大量征集南方工匠，这种彩画便传入北方。苏式彩画题材广泛，画法灵活，主题多为山水、鱼虫、花鸟、历史人物故事等。传入紫禁城后的苏式彩画在布局、题材、设色等方面与原有江南彩画有了明显的区别，其多具有色彩更加艳丽、装饰更加华贵的特点。

苏式彩画

包袱式苏式彩画

各区域的分界线用金线
或墨线予以区分

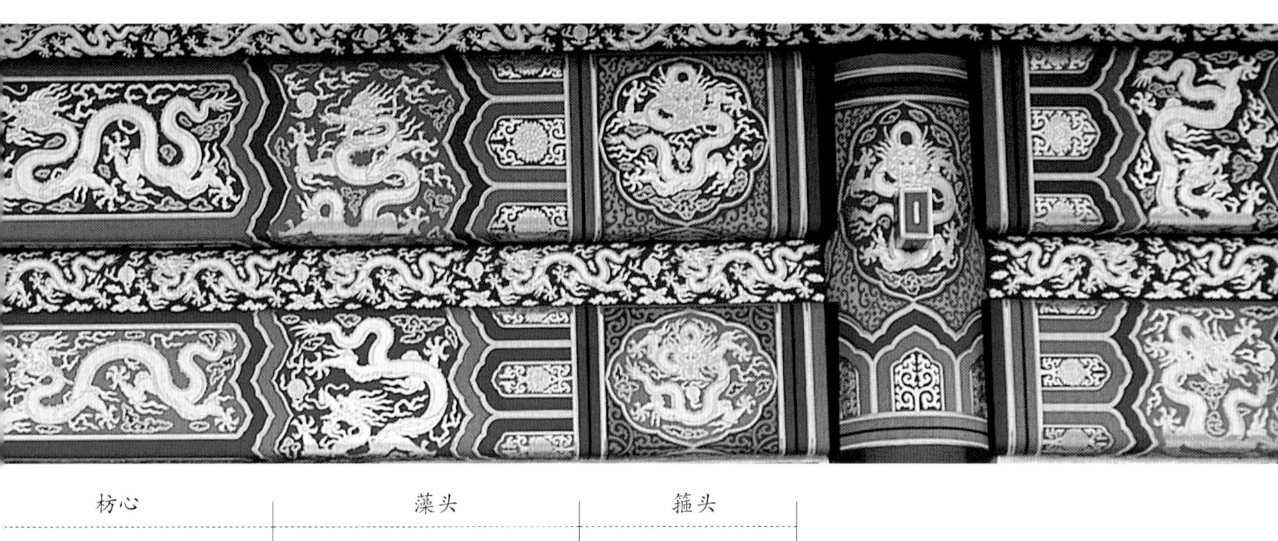

枋心　　藻头　　箍头

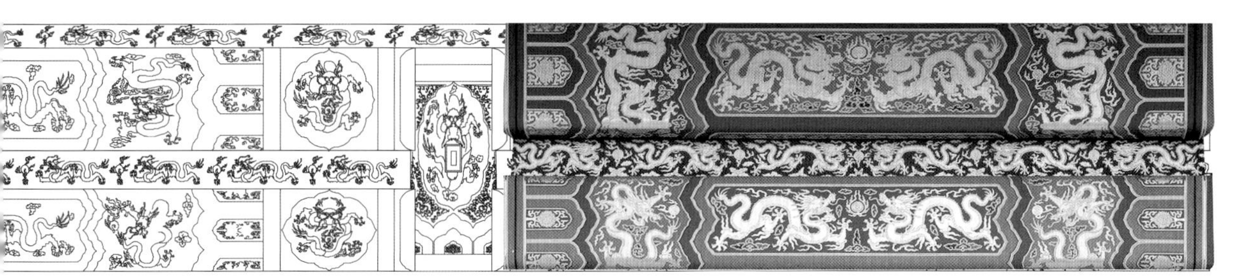

太和殿金龙和玺彩画

第八章

地面和墙体

地面和墙体为太和殿建筑的重要组成部分。地面的主要功能是分割地上和地下区域，并保证建筑使用者的使用需求。早在原始社会，就有用烧烤地面硬化以隔潮湿的做法；周朝初出现了在地面抹一层由泥、沙、石灰组成的面层，而到了西周晚期时已出现地砖；到东汉又出现了磨砖对缝的地面；随后各朝代的地面多为砖造的方砖铺墁。太和殿作为明清皇家最重要的宫殿，其地面用材及铺墁工艺极为特殊，地面集实用性和装饰性于一体。

墙体则是建筑四周的维护体系，古代墙体的发展也由原始社会的茅草、树枝演化为夯土墙，而秦代时期砖的大规模应用，使得建筑墙体多采用砖墙。太和殿的墙体均为砖墙砌筑，工艺极其苛刻精湛。

金砖

与普通宫殿地面铺墁的方砖不同，太和殿殿内的地面为金砖铺墁。太和殿的金砖在制作工艺上要求苛刻，造价昂贵。

金砖并非是用金子做的砖头，而是一种大型号方砖的雅称。这种方砖颗粒细腻，质地坚实，面平如砥，光滑似镜，就像一块乌金，而且“断之无孔，敲之有声”，其声铿锵，亦如金属。金砖产于苏州东北的御窑村。当地村民烧制砖瓦的传统工艺世代相袭，流传至今。

太和殿的地面由4718块金砖铺墁而成。

“陆慕”原被称为“陆墓”，1993年改为现名。陆慕地处长三角地区的冲积平原，又位于阳澄湖之畔，被元和塘和白荡湖环抱，自古河道纵横。河道里的泥土有规律的分层沉积于地下。粘土层大概埋藏于地面1米以下，黏糯柔润，又呈现出黄色，被当地人称为“土黄金”。

明永乐四年（1406）陆墓余窑村被工部选中，为北京皇宫的修建提供金砖。据明张问之在《造砖图说》一卷记载，自明朝永乐年间开始，苏州开始造砖，所选用的土来自陆墓余窑村，所生产的砖长约70厘米，宽约54厘米，颗粒细密，“敲之有声，断之无孔”，因而被永乐皇帝赐封为“御窑村”。

普通方砖地面

太和殿金砖地面

金砖可以调节室内湿度。空气中湿度大时，地砖内部的细微小孔会吸附空气中多余的水汽（吸附的水分不会凝结在其表面，地砖的表面还是平润干燥的）。当空气干燥时，地砖又会释放出贮存在砖里面的水分，让室内处在合适的湿度下。

金砖名称的来源
一是金砖由苏州所造，运送至京城，所以称之为“京砖”，后来演变成了“金砖”。
二是金砖烧成后，质地极为坚硬，敲击时会发出金属的声音，宛如金子一般，故名“金砖”。
三是在明朝的时候，一块这样的砖价值数两黄金，极为昂贵，故民间唤其为“金砖”。

御窑金砖厂

太和殿金砖地面

金砖烧制步骤	
①	把土挖出来，运到窑厂，然后经过一段时间晒干、敲打、捣碎、研磨、过筛子等流程才能获得烧窑所需土。
②	把土泡在水池里三次，每次都要使用网进行过滤，去除土中的杂质。土从池中取出后，再找地方晾干，用瓦遮盖土，以利于阴干。
③	用U形铁器将土压紧，人在土上面踩踏使之成为泥。接下来用手揉泥，把泥放在木托板上，用石轮碾压，用木棍敲打，再放入遮风挡雨的棚子里，做成砖坯子，阴干8个月。
④	接下来就是烧窑。烧窑时，为防止火力过猛，先用谷糠、稻草熏1个月，再用小片柴烧1个月，再用尺寸较大的木柴烧1个月，再用松树枝烧40天，一共要烧130天。
⑤	在窑顶浇水使砖降温，并将烧好的砖运出窑。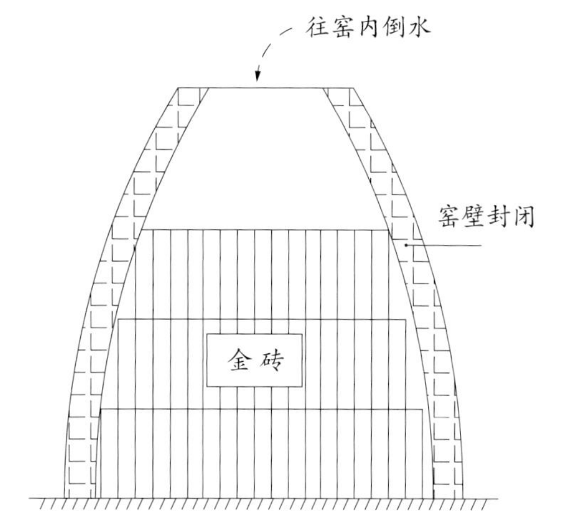
⑥	金砖成品率极低，每造砖一块，必备副砖一至六块不等，所挑出来的砖必须是棱角分明，颜色纯正，无裂纹，敲之声音清脆，符合上述条件才算合格。

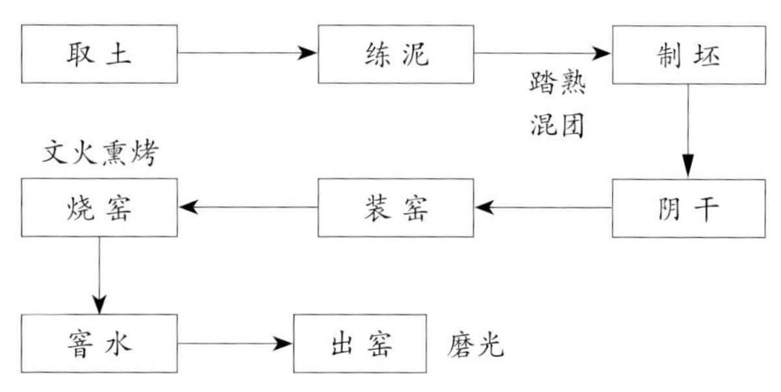

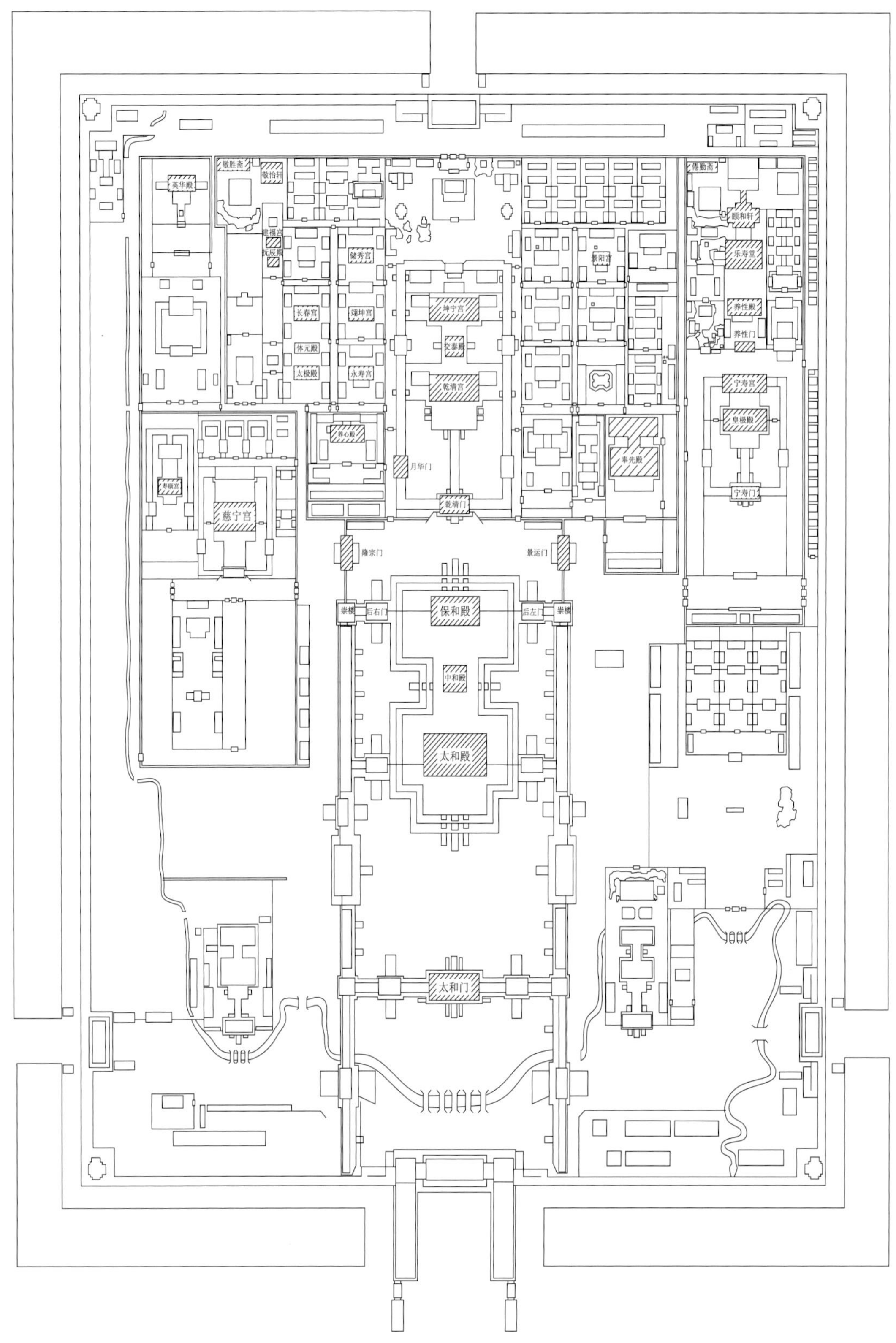

紫禁城铺墁金砖地面的区域

铺墁

太和殿金砖的铺墁工艺与普通方砖类似，但要复杂得多。铺墁工艺主要包括处理垫层、定标高、冲趟、样趟、揭趟、浇浆、上缝、铲尺缝、刹趟、打点、墁水活、泼墨钻生等。其中最重要的一道工序为“泼墨钻生”，泼墨钻生使得金砖地面坚硬无比，油润如玉。

严格的选土、烧制、运输、铺墁工序，**使得太和殿的金砖地面历经600年仍然精美完好，光亮如新。**

泼墨

泼墨工艺的墨并非书法绘画所用之墨，而是一种专供金砖地面使用的黑矾水，主要材料有：红木、黑矾、烟子等。将材料熬制好后，趁其热量未消之际，分两次泼洒或涂刷在铺好的转面上，然后进行“钻生”。随后，将生石灰掺入青灰中，混合成与砖相近的颜色，把灰撒在地面上，2-3天后刮去多余的灰粉。钻生完成后，还要进行烫蜡工作。

烫蜡

即用蜡烘子将石蜡烤化后使其均匀地淌在砖面上，待蜡皮完全凝固后，用烤热的软布反复揉擦至光亮，最后再以软布沾香油擦拭数遍。

钻生

即待地面完全干透后，在地面上倒厚度约为3厘米的桐油（桐籽熬成的油），使得桐油灌入砖孔中。

泼墨钻生工艺

样趟工艺

铲齿缝工艺

墙 体

太和殿的主要墙体包括槛墙、檐墙和山墙。

山 墙

就是与建筑宽度方向平行的外墙。

太和殿后檐墙及山墙

檐 墙

太和殿的檐墙主要是指背立面墙体。太和殿的背立面仅在正中位置开设隔扇门，其余位置均为墙体。

太和殿的檐墙和山墙做法相同，均由上身和下碱两部分组成。上身抹红灰，下碱露明，即露出砖砌部分。

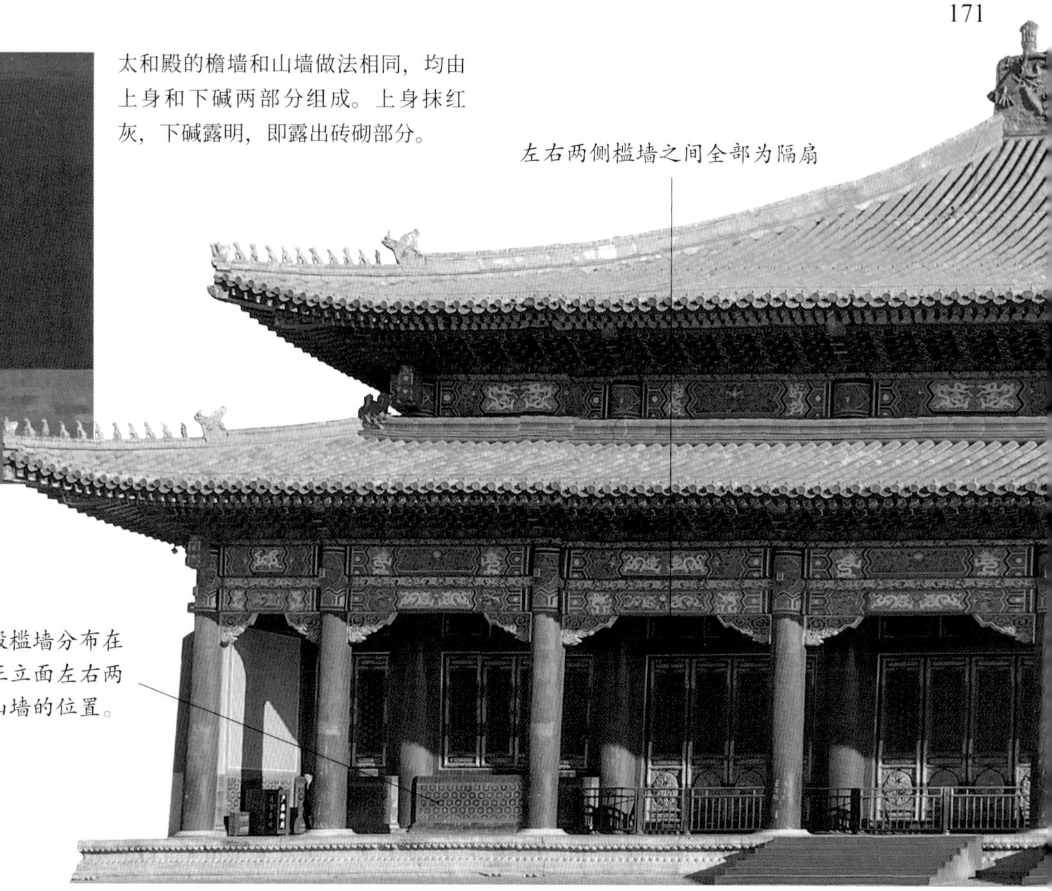

左右两侧槛墙之间全部为隔扇

太和殿槛墙分布在建筑正立面左右两侧靠山墙的位置。

太和殿正立面檐墙

槛墙

即位于窗户下面的墙体。槛墙一般位于古建筑两侧靠近山墙的位置，其力学作用就是支撑窗户传来的重量。

太和殿背立面檐墙

太和殿外龟背锦纹槛墙

太和殿的槛墙外立面使用了比青砖等级更高的琉璃砖。在古代宫殿建筑中，琉璃瓦较为常见，琉璃砖则很少见。琉璃砖相对于普通青砖而言，不仅等级高，而且造价昂贵。

墙砖烧制

明成祖朱棣决定营建新都之后，颁诏山东、河南、直隶等省建窑烧砖，并在临清设工部营缮分司，专司窑厂的修建和贡砖的烧制，临清贡砖便源源不断地沿着京杭大运河运往北京。

临清位于会通河与卫河汇合处，漕运咽喉之地，又距京师较近，江南各省漕船、贾舶均需经此地北上进京，还有卫河做天然航道，水源充足，不易干涸。所以在临清建窑烧砖运往京师不仅交通方便，而且费用大大低于其他省份。临清砖窑依河而建，同样是出于运输方面的考虑。

太和殿墙砖主要来自山东临清。临清青砖又名贡砖，其烧制工艺是一种古老的手工技艺。紫禁城古建筑的墙体、地面、房顶、门窗都用到了临清贡砖。

在临清民间，流传这样的民谣：**“临清的贡砖，北京的城，紫禁城上有临清。”**

高温下的二价铁被空气中的氧气氧化，会生成红棕色的三氧化二铁，这就是人们通常看到的砖瓦是红色的原因。烧制青灰色的贡砖要比烧制红砖多一道工序。在贡砖砖窑里当砖坯被烧到一定温度时，不让它慢慢地冷却，而是从窑顶上浇进大量的水。

这时，水和气化的水蒸气起到了隔绝空气的作用。在缺氧的条件下，煤炭就发生了不完全的燃烧，同时产生了一氧化碳。水碰到灼热的煤炭也会产生一氧化碳和氢气。这些气体都具有还原性，它们能把红色砖瓦中的三氧化二铁还原成黑色的氧化铁和蓝黑色的四氧化三铁。其中还有一些没有完全燃烧的煤炭小颗粒也会渗入到砖坯里，于是红砖就变成青灰色的了。

临清贡砖

五扒皮砖墙锲形空隙示意图

干 摆

太和殿檐墙和山墙的施工做法叫作“干摆”，俗称“磨砖对缝”，即内外墙砖与砖之间的接缝极为平整细致，整面墙光滑平坦，犹如一块整砖雕刻出来一般。

五扒皮 即砖的六个面，有五个面被砍磨加工，仅保留看面的尺寸不变，砖截面变成了梯形。

五扒皮砖墙外表面示意图

莲花土 临清地处黄河冲积平原，历史上，除了南宋至清咸丰五年（1855）黄河南下夺淮入海的700余年之外，黄河无论是北流还是东流，临清都处于“龙摆尾”的轴心区域。每次黄河泛滥后，都会留下一层层的细沙土和胶黏土。久而久之，临清的土壤形成了一层沙土、一层黏土的叠状结构，沙土色浅白，黏土色赤褐，层层相叠，如莲瓣一样均匀清晰，当地人称为“莲花土”。这种土沙黏性比例适中，富含铁（硅酸盐），和泥抟坯有角有楞，不易变形，故能够烧制优质的砖。

抹灰

抹灰即在墙体外表面抹灰，其主要由红土、生石灰、麻按适当比例混合而成，主要作用是保护砖基层免受风化。太和殿墙体的上半部分抹灰，下半部分露明。

紫禁城古建筑墙体上身抹灰的功能包括实用性和象征性两方面。从实用角度讲，太和殿檐墙上身抹灰有利于对砖墙的保护，避免砖墙直接在空气中暴露而导致风化。而其象征意义远大于实用意义，红色墙面（内立面抹纯白灰）寓意阳刚威武、护卫皇权。

临清窑烧造	
城砖、副砖	城砖、副砖是垒砌墙体所用砖，副砖比城砖尺寸小，用量亦小。
券砖、斧刃砖、线砖	券砖（门窗上半部的半圆形券顶用砖）、斧刃砖、线砖是特殊形状的装饰性用砖。
平身砖	平身砖尺寸比城砖还要大，是陵寝地宫墙体所用的砖。
望板砖	望板砖则是宫殿顶部紧贴木檩的登顶砖。
方砖（尺寸有二尺、尺七、尺五、尺二）	方砖为铺设普通宫殿地面用砖。

中国古建筑的墙体抹灰，根据不同的建筑等级，往往将墙面做成不同的颜色：紫禁城宫殿建筑外墙抹灰多为红色。民间古建筑外墙抹灰多为青色或白色。

太和殿墙体外表面

太和殿干摆墙体断面

干摆墙体由面（里外皮）砖、芯砖组成。

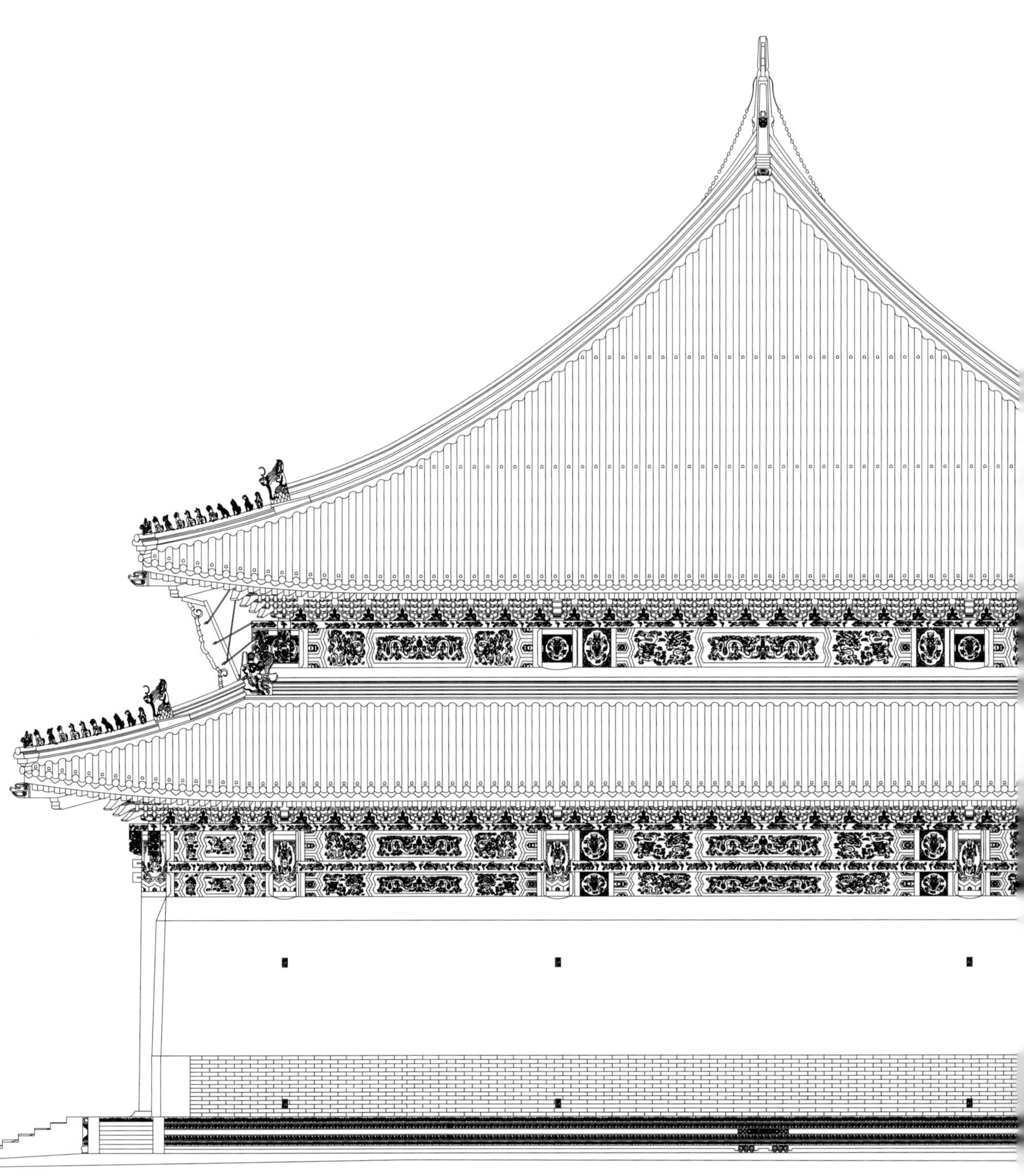

第九章

江山稳固——基础

600年来，太和殿历经各种自然灾害而保存无恙，不仅与建筑本身科学合理的构造密切相关，其地基设计亦为建筑稳固的重要保障。

太和殿的基础

太和殿柱顶石及下部基座

太和殿的基础，是指柱底以下部分，具体包括柱顶石、基座、三台及地面以下的地基。

柱顶石

柱顶石

太和殿基座

对于太和殿等体型较大的建筑，其整体重量大，柱子立在柱顶石上后易于稳定，因此柱底为平面，柱顶石镜面亦做成平面形式。而对于小型建筑，为防止立柱产生晃动，在立柱底部正中会做出榫头，对应的柱顶石中间开一小槽，该小槽称为“海眼”。

三台

三台局部

须弥座

太和殿柱顶石以下为基座，其基座为须弥座形式，须弥座是由一层层石块堆砌而成的高台。显示出建筑本身的重要性。

紫禁城须弥座一般由一块大石头分层雕刻而成，可分为七层做法和九层做法，而后者更凸显建筑的重要性。

太和殿基座须弥座（局部）

须弥座

须弥座是在东汉初期（约公元1世纪）随佛教从印度传入中国的，最初用于佛像座。“须弥”一词，最早见于译成中文的佛经中，也有译为“修迷楼”的，实际就是“喜马拉雅”一词的古代音译。（在佛经中，喜马拉雅山被尊称为“圣山”，所以佛像座被称为“须弥座”。）从现存唐宋以来的建筑及绘画来看，须弥座用于台基已非常普遍。

在台的转角处，于圭角之上立角柱，角柱上为体型较大的排水设施，沿台边还设置有一整排小型排水设施。这些排水设施除了发挥应有的功能外，还点缀着高台外立面，形成高大雄伟的气势。

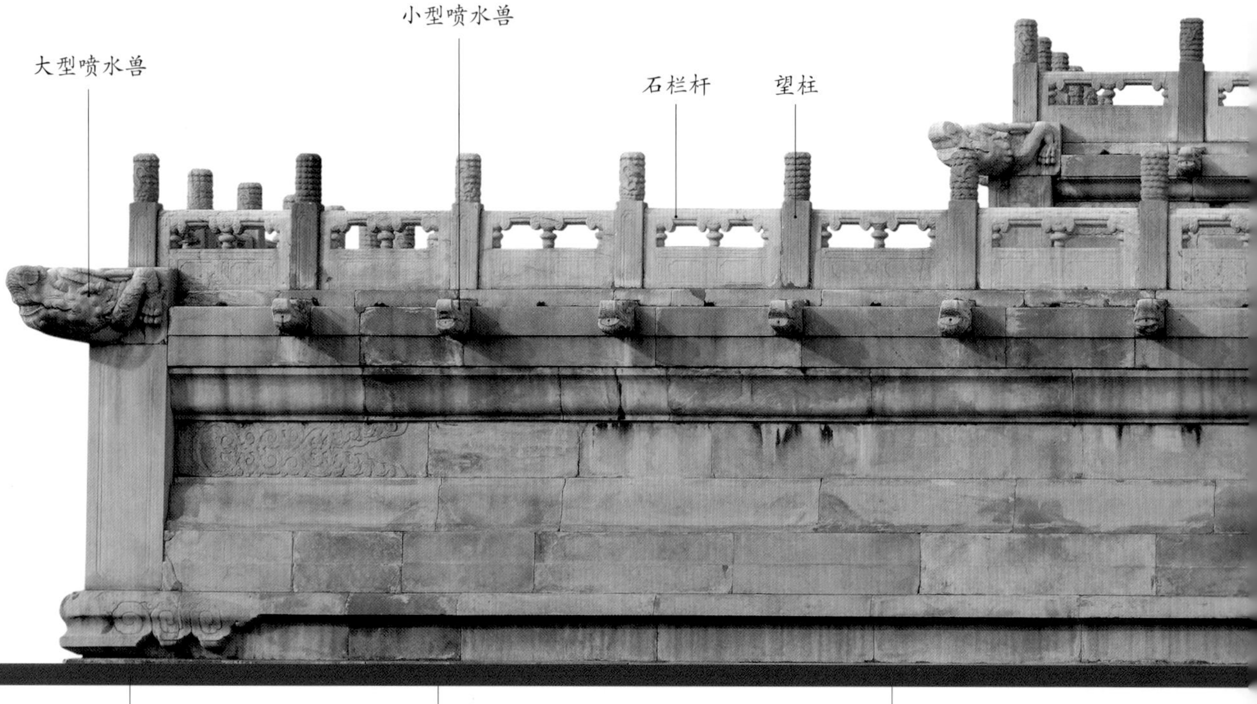

小型喷水兽

大型喷水兽

石栏杆

望柱

须弥座

从形式上看，须弥座在印度最初采用栅栏式样，引进中国后才有了上下起线的叠涩座，这大概是受到犍陀螺影响。

六朝时期，须弥座的断面轮廓非常简单，在云岗北魏石窟中，可以看出它在中国的早期形象，无论是佛像之座，还是塔座，线条都很少，一般仅上下部有几条水平线，中间有束腰。

在唐代，须弥座外形有了较大的变化，叠涩层增多，外轮廓变得复杂起来，每层之间有小立柱分格，内镶嵌壶门，装饰纹样增多。

太和殿前三台须弥座近照

宋辽金时期，须弥座外形走向繁缛，宋《营造法式》规定了须弥座的具体分层做法。

元代时期，须弥座形式走向简化。

而明清时期，须弥座形式较为简练，装饰更加细腻与丰富，各部分都有较多的纹饰。

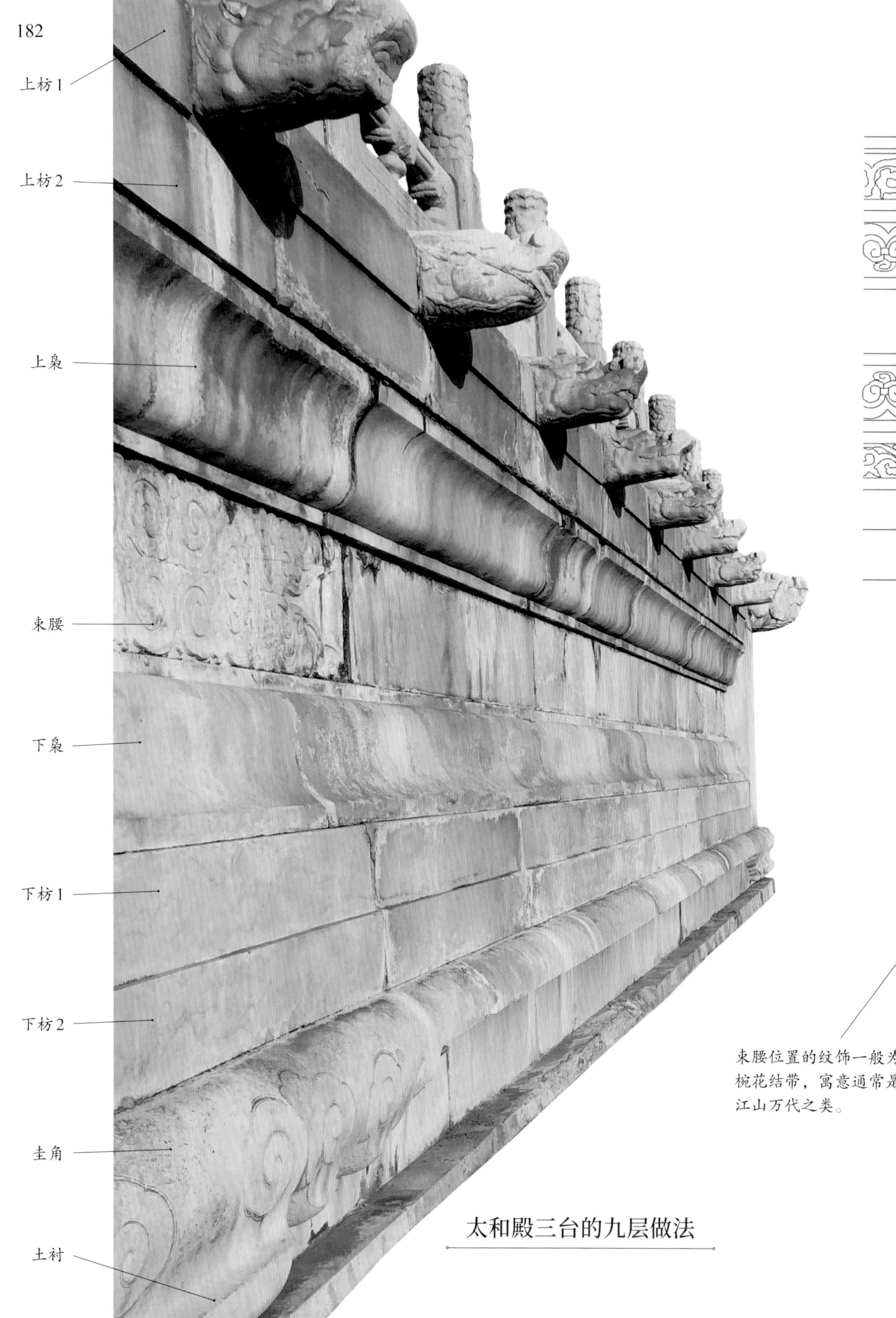

太和殿三台的九层做法

束腰位置的纹饰一般为
椀花结带，寓意通常是
江山万代之类。

太和殿基座的七层做法

圭角位置的纹饰，
一般为素线卷云形式。

前朝三大殿下的须弥座，所有部位都刻有纹饰，是紫禁城中最为华贵的形式。但是由于建筑等级不同、功能各异，三大殿虽然在同一台基之上，其雕刻纹饰亦有所区别。

卷草图案起源较早，是传统工艺图案，常用于边饰。“椀”与“万”谐音，“带”与“代”同音，“结”与“接”谐音。带的纹样不仅在形式上美观，而且通过谐音和连接不断、互相缠绕的带，寓意“江山万代，代代相接”。八宝图案盛行于明清时期，为吉祥纹饰。莲花是佛教图腾，在炎热的夏季开放于水中，有“出污泥而不染”的特性，包含清净的功德和清凉的智慧的含义，并寓意高贵的品质，是皇家建筑中常用的纹饰图案之一。

神武门单层须弥座

太和殿 太和殿须弥座的上、下枋都刻有卷草纹，上、下枭都刻有莲花瓣，束腰有椀花结带。

保和殿 保和殿下枋刻有较为活泼的八宝图案。

乾清门广场值房台基无须弥座做法

普通建筑台基

紫禁城内级别比较低的建筑，它们的基座没有采取须弥座形式，仅为普通的台基。

这种台基是用砖石砌成的突出的平台，四周压面包角。台基虽不直接承重，但有利于基座的维护与加固，除此以外，还有衬托美观的作用。

细微的纹饰变化，不仅区别了三大殿的功能与等级，同时还彰显了**太和殿的壮丽与威严。**

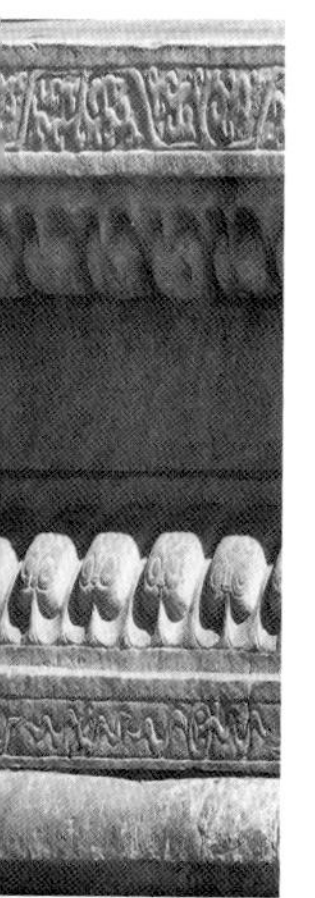

太和殿（上图）与保和殿（下图）须弥座纹饰对比

三 台

包括太和殿在内的前朝三大殿，不仅它们自身的建筑底座是须弥座形式，甚至其下面的高台也做成了三层须弥座形式，我们称之为“三台”。三台总高度达8.13米，表面铺设地砖，地砖之下为分层夯实的灰土，不仅有利于建筑本身的稳定及建筑防潮，而且能够体现出宫殿建筑的高大与威严。

太和殿三台

紫禁城太和殿、中和殿、保和殿的须弥座均为三台形式。三台即三层须弥座高台，**这是紫禁城最高等级的高台，仅见于前朝三大殿台基。**

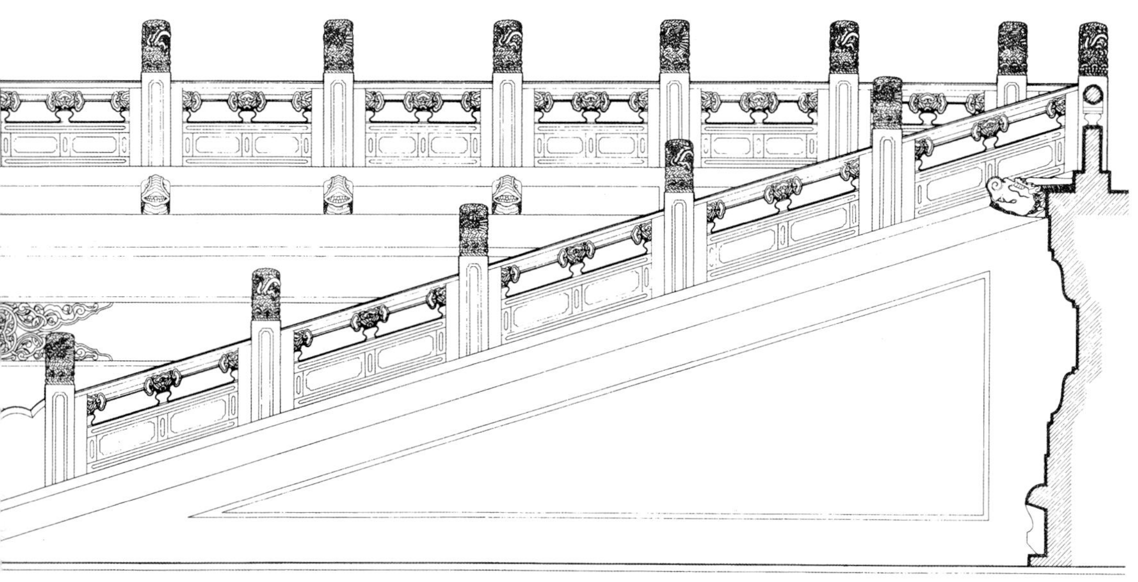

排 水

为避免三台在雨季因存水、渗水导致下沉，紫禁城三台的排水极其重要。三大殿的三台一共有1142个排水兽，在雨季每个兽头都能够发挥排水作用，具有“千龙吐水”的场景效果。

龙头造型的排水兽与三大殿的皇家宫殿氛围相融合，产生恢弘的艺术效果。这种设计不仅与台基整体尺寸相协调，而且有利于雨水向前方排出，每层台基的地面都有着3%—5%的坡度，使得上层台基的水直排向下层台基，避免了栏板底部雨水回流。

三台排水（2016.7.20）

栏板底部正中有直径为0.1米的近似半圆形的泄水口。

三台由于所处位置的特殊性及建筑做法的高等级性，**其排水做法极其引人瞩目**，是紫禁城古建筑中台基排水的代表。

排水兽 石质的“龙头”称为排水兽，其形象为“龙生九子”的老六——虮蝮。

太和殿西南侧明沟与暗沟的相交位置

龙头宽度同望柱宽，高度同底部须弥座的上枋层，截面尺寸为0.28×0.28米。兽嘴有直径约为0.03米的圆孔，其贯穿排水兽，并与栏板里侧的地面相通。

石材

在太和殿的营建和修缮中，最重要工种之一为石作。石作即对石料进行取材、定样、选料、搬运、制作、安装的工种。石作涉及的建筑构件包括：台基、地面、栏板、柱础、墙体等，所用石材为汉白玉。

在太和殿营建所用石材中，各间房屋台基所用的石料要求长度大于房屋开间尺寸的10%，以利于安装石料时对毛边进行加工、打磨。比如太和殿明间长度为8.47米，则该位置的阶条石的毛料尺寸应为9.3米左右。太和殿前的御路石，重量巨大，往往达万斤；太和殿前的云龙纹石雕长16米、宽3米，每块石料重量达250吨，如果按当时采石加荒料计算，每块石料的重量起码要300吨。从当时的生产条件来看，开采、运输、吊装等过程应该极其艰难。

太和殿台基

明代太和殿初建时，陆祥是太和殿营建的石作负责人。陆祥出生于江苏无锡的石匠世家，其先人曾在元朝任“可兀阑”。“可兀阑”为蒙古语，意为“将作大匠”。陆祥的石匠技艺非常高超，他所掌管的石活雕琢精细、尺寸严格、工精料实，一丝不苟。据《宪宗实录》记载，陆祥很聪明，常常利用方寸大小的石头来雕刻水池，水池里面的鱼、水草都能刻在石头上，活灵活现，显示出高超的技艺。营建太和殿所用的石材体积大、数量多，加工尤难，陆祥却能有条不紊地对大小石头进行打凿、雕刻，预制后运至现场快速安装，不差分厘，这保证了紫禁城的工程质量与进度。太和殿前、保和殿后的云龙纹石台阶均为陆祥所监造。

太和殿所用石材，**不仅数量巨多，而且规格巨大。**

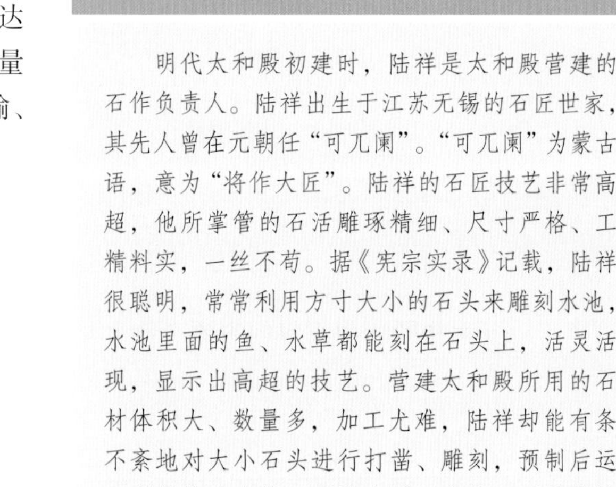

太和殿角柱石

台基所用石材为大型，地面、柱础所用石材为中小型，其余石构件所用石材为小型。

太和殿石质柱础（柱顶石）

太和殿台基栏板

太和殿室外地面汉白玉御路

太和殿所用石料的主要产地为北京房山大石窝村。石窝是采石和运输工程的集中地，每次工程都会汇聚一两万人，有时达数万人。这些人员的生活物料供给，及牲畜、草料的供应，使石窝逐渐形成了一个喧闹的集镇。

槛窗下基座

《明水轩日记》记载了明代时北京主要的石料产地。白玉石产自大石窝村，这个村子离京城140里（明代1里约等于560米）。《房山县志》记载：大石窝村在房山县西南方向四十里以外的黄龙山下，山前产青白石，山后产白玉石，小的石头有数丈见方，大的石头有几十丈见方，营建宫殿所用的石头大多来自这个地方。据史料记载，大石窝村为营缮司郎中（官名）管辖，依照皇帝命令，在当地设关防、公署，专门管理石料开采时所用的工钱、料钱及运输费用等事项。

一般良材都埋藏较深，开采后需从地下翻出，故石材开采地点一般称为塘坑。即便是一般中小石材，将其翻出塘坑也绝非易事；而要把大型石材翻出塘坑，则是一项艰难的大工程。

石材开采

选择好石材开采地点以后，召集匠作进行开采。先要剥离表土，再挖出砾石、砂层，清除几层至十几层的乱石。石材开采出来之后，首先要把石材从塘坑内翻出。在装运之前，先把石材就地加工成粗料。再把剥离地点到装车地点之间开凿成一个大斜坡，垫以滚木，采用撬杠和人拽的方式，缓慢移动石材，将石材放置在运输工具上。

大石窝村的塘坑

若没有大块的石料，工匠的做法常常是把石材在柱子中心位置对接接缝。拼接时，如果直缝对接，必定会露出接缝，非常丑陋。聪明的石匠们采用云纹凸起的曲线作为拼合线，使得石料之间的接触面高低起伏，凸凹交错，即使是3块石料拼合，也显得严丝合缝，不走近看，就很难发现。只不过由于历经时间长久，台阶石块产生变形错动，使得裂缝出现。

明代贺仲轼撰写的《两宫鼎建记》记载，石料大的有80－90丈见方（1丈约为3.11米），小的也有40－50丈见方。一块石头重达15万－16万斤，没有上万个工人，是无法搬动的。将这些石材从山上开采并运上车，动辄需要上万个工人，工程之大可见一斑。

运输

运送石材有三种方式：旱船、骡车、摆滚子。

太和殿所用石材的运输一般在冬季，冬季道路坚硬，且不妨碍农事。夏秋季节雨水较多，路面暄软，一旦遇雨道路泥泞不堪，给石材运输带来极大困难。且春夏之际，农事繁忙，此时征调民夫对农业生产不利。

骡车：用于中小型石材

太和殿所需石材的运输，骡车为重要工具之一。明代官府设有（骡）车户专门负责运输石材，若官府车辆数量不够，则从顺天府、保定府等地派车户。当时运输石材的车辆有十六轮、八轮、四轮及二轮四种，视石材轻重而采用不同的车辆。

《两宫鼎建记》记载了明万历年间重修三大殿台基所用丹陛石的运输过程和费用，即：中间部分道路所用的石头，长3丈，宽1丈，厚5尺（1尺为1丈的1/10，约0.31米），派北京及周边8个地区的工人2万余名造旱船拽运，派同知、通判、县佐等官员监督运输。工人们用了28天才把石头运到京城，花费白银超过11万两。

旱船：用于特大型石材

旱船就是用方木特制的一种木框架，专门用来承载特大石材。运输巨重的材料，既不能用车也不能就地滚，于是选在冬季运输，沿途每隔一里打一口井，路上泼水成冰，拽旱船在冰上滑行，摩擦阻力较小。在当时的条件下，这不失为有效的方法。

即使用这种办法，运输之艰难仍然可见一斑。有的石料重达180吨。房山大石窝至北京距离140里，运输时间需要近1个月，每天行程约4—5里。（不过这些石料的长度仅仅为御路石的60%，为符合长度，需要将三块石料巧妙地拼接起来。）

太和殿台基中部的丹陛石

在大规模开采汉白玉时，为了弥补在运输过程中的损坏和加工过程中的损耗，开采的石料必须比使用的石料多出一定数量，独件石料如“云阶石”是一比一，普通石料至少是“十停一”，即多出10%，总数可达近万立方。

摆滚子：用于施工现场

摆滚子又称滚杠，多为圆木，且木材多为较硬的榆木。

摆滚子的方法

先用撬棍将石料的一端翘离地面，把滚杠放在石料下面，当石料挪动时，趁势把另一根滚子也放在石料下面。如果地面较软，还可预先铺上大木板，让滚子顺大木板滚动。
沉重的石料可用若干撬棍撬推，也可用粗绳（俗称“大绳”）套住石料，由众人拉动。在推运过程中，工匠们不断地在下面摆滚子，如此循环，石料便被运走了。
在搬运石料过程中，由领头的工匠指挥众工匠一起用力，并伴随喊号前行。这种搬运石料的方式被称为“摆滚子叫号”。

地下基础

关于太和殿的地下基础部分没有史料直接记载，但三大殿地下基础的做法应该相似。中和殿与太和殿、保和殿均坐落于高达8.13m的高台基之上，因而中和殿地基的分层构造可反映太和殿高台基内部及地下的分层构造。

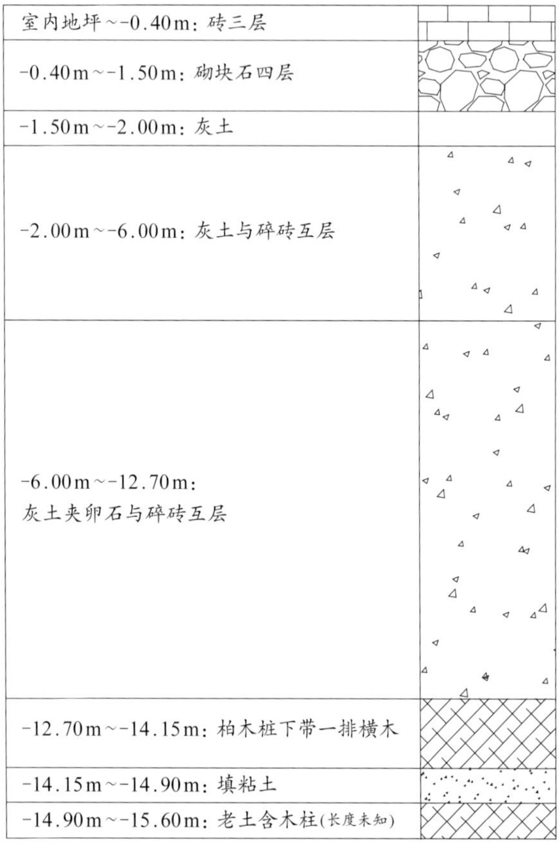

分层
室内地坪～-0.40m：砖三层
-0.40m～-1.50m：砌块石四层
-1.50m～-2.00m：灰土
-2.00m～-6.00m：灰土与碎砖互层
-6.00m～-12.70m：灰土夹卵石与碎砖互层
-12.70m～-14.15m：柏木桩下带一排横木
-14.15m～-14.90m：填粘土
-14.90m～-15.60m：老土含木柱(长度未知)

中和殿地基分层 竖向分层构造

1977年在中和殿室内西北角安装避雷针时，经钻探和地质勘查后，获得了其地基的分层构造。中和殿地基至少做过灰土分层、横木层、木桩层三层的加固处理：

灰土分层是将基础下原有松软层挖出，换填无侵蚀性、低压缩性的灰土材料，分层夯实，作为基础。灰土层具有一定的柔性，不仅增强了基础灰土的粘接力，而且可产生滑移减震效果。

横木层一般采用圆形横木，制成木筏形式，作为桩承台。地震作用下，水平横木层可产生滑动并增大上部结构运动周期，从而减轻结构破坏。

木桩层即对软弱土层采用木桩加固，通过桩基将持力层固定在坚硬的土层上，可避免上部结构在地震作用下的不均匀下沉问题。

一块玉

太和殿与紫禁城其他建筑一样，采用“一块玉”基础。“一块玉”基础是指一层灰土、一层碎砖反复交替的人工回填土做法，专业上称为“满堂红”基础。这种基础不是直接利用原始土层，这样既能使基础本身不均匀沉降，又能把建筑与自然土壤有效地隔开，因此对建筑防潮十分有利。紫禁城古建筑所有的基础都是人工处理的“一块玉”基础，这与中国古代朝代更迭密切相关。太和殿的基础，是在元故宫建筑连基础被毁后，重新建造的人工回填土基础。

“一块玉”就是**原有地基被全部挖去，然后重新由人工回填基础。**

中国古代有一个不成文的规定，就是任何一个朝代取代前朝时，都会灭前朝的“王气”，其做法之一，就是把前朝的建筑从底到顶都给毁了，包括基础，尔后从头再来盖自己的宫殿。因此，明朝建立紫禁城时，把元朝所有的建筑连根毁掉，这样一来，明紫禁城的基础都得重新再做一遍，这就是紫禁城古建筑基础采用“满堂红”做法的主要原因。

三七灰土

三七灰土是一种生石灰、黄土按3:7的质量比例配制而成、具有较高强度的建筑材料，在中国有悠久历史。这种灰土基础的优点在于：生石灰遇水生成熟石灰，强度增大。

公元6世纪南北朝时期，南京西善桥的南朝大墓封门前地面即是灰土夯成的。《本草图经》有："石灰，今所在近山处皆有之，此烧青石为灰也。又名石锻，有两种：风化、水化。"

这种基础的吸水性很强，有利于在潮湿的环境中使用。灰土基础本身的粘结强度比较高，适合于承受上部建筑传来的重量，而不会产生土体松散。另石灰是一种易于获得的建筑材料，中国在公元前7世纪开始使用石灰。

为什么太和殿的灰土基础部分不是全部做灰土分层，而非得要"一层灰土、一层碎砖交替"呢？其实这反映了古代工匠的智慧。"一层灰土一层碎砖"的形式，不仅有效使用了建筑材料，而且减小了古建筑的沉降量。基础做的均匀，那么就可以避免建筑物不均匀的下沉。但灰土材料一般比较松软，柔性强就意味着硬度低。当上部建筑的重量较大时，尽管建筑在自重作用下会均匀下沉，但下沉量过大会影响建筑的有效使用。相比而言，碎砖的硬度远大于灰土，且大部分属于烧窑或砌墙用的残余料。当它们过筛子后尺寸相近，用于代替完全的灰土层。

糯米隔震

600年来尽管太和殿历经了数次火灾并重建，但是鲜有太和殿震损的记载，这反映了建筑良好的抗震性能。这归功于太和殿地基中的糯米成分，糯米是有利于基础防震的，它具有很好的黏性，掺入灰土基础中，可使得基础有很好的整体性和柔韧性，类似于硬度较高的均匀面糊团。地震发生时，基础产生整体均匀变形，延长建筑的晃动周期，错开地震波的峰值，减小了对基础及上部建筑的破坏。

长信门旁基础 由15层灰土层与碎砖层交替夯实而成。太和殿基础中亦有类似做法的土层。

日本学者武田寿一的著作《建筑物隔震、防震与控振》中有这么一段关于故宫古建筑基础成分的描述："从1975年开始的三年中，在建造管道设备工程时，从紫禁城中心向下约5-6米的地方挖出一种稍粘且有气味的物质。研究结果表明似乎是'煮过的糯米和石灰的混合物'。主要的建筑全部在白色大理石的高台上建造，其下部则为柔软的有阻尼的糯米层。"

刘大可先生在《明、清古建筑土作技术（二）》[①] 中认为，古建基础中有灌江米汁（糯米浆）的做法。这是将煮好的糯米汁掺上水和白矾以后，泼洒在打好的灰土上。江米和白矾的用量为：每平方丈（10.24平方米）用江米225克，白矾18.75克。

清代官方对小夯灰土的做法有这样的描述：第二步须在第一步基础上趁湿打流星拐眼一次，泼江米汁（糯米汁）一层，再洒水，催江米汁下行，再上虚，为之第二步土，其打法同前。见王其亨：《清代陵寝建筑工程小夯灰土做法》[②]。

张秉坚等学者对西安明代城墙灰浆进行了研究，证明了其中含有糯米成分。尽管西安城墙与故宫古建筑基础无直接联系，但其施工工艺均为古建传统做法。

①《古建园林技术》1988年第1期。
②《故宫博物院院刊》1993年第2期。

三大殿及底部的三层台基，每层台基做成须弥座形式

附录

工艺和运输

木材的运输
燕尾榫的安装
地下水的处理
墙面贡砖
油饰彩画基层
墙体施工
太和殿大修前后示意图

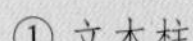
① 立木柱

② 安装水平构件（此处为燕尾榫）

③ 安装好的木构架

④ 安装斗拱

燕尾榫的安装

燕尾榫的安装方式是由上向下进行的。紫禁城古建筑施工工序，首先是立柱，然后再安装梁枋，最后再上瓦砌墙。梁枋端部做成燕尾榫榫头形式，竖向方向安装，有利于燕尾榫头与卯口在上下向挤紧，而且安装后的榫头也不容易从卯口拔出。不仅如此，这种安装方式，还有利于柱子的定位。因为一旦水平方向安装梁枋，需要立柱错位来腾让安装空间。除此以外，如果燕尾榫榫头水平向插入卯口，还会破坏卯口的初始截面尺寸，影响榫卯节点的拉接功能。可以认为，上下向安装燕尾榫榫头，是针对这种榫卯节点类型的安装方式，不仅有利于节点本身的稳固，对木构架整体的扰动也减小到最少。

慈宁花园东遗址基础

木材的运输

太和殿柱子所用木材如此巨大，却生长在山地险要之处，伐且不易，而出山更难。那么，它们是如何从这些深山老林中被运送到紫禁城的呢?

当采木工找到了所需的大木后，首先需要将其砍伐。工匠们先用木搭成平台让斧手登其上，砍去枝叶。同时，用绳子拉着以防木倒伤人，其情形和今天人工伐树差不多。伐倒大树后，由斧手在大树上凿孔，称为“穿鼻”，以便拽运拖拉。凿孔穿鼻之后，就要将大树拖下高山。然后就是“找厢”，就是像铺铁路一样，沿着路面以两列杉木平行铺设于路基或支架上，每距五尺横置一木，以利木材运输。

当木料被运输到山沟时，工匠们将木材滚进山沟，编成木筏，等待雨季的山洪爆发时，再将木筏冲入江河（京杭大运河），顺流划行，沿路有官员值守，以免木料丢失。大树从不同的砍伐地点运送到北京，耗时大约两到三年，或者四到五年。

京杭大运河

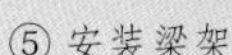

⑤ 安装梁架

⑥ 安装屋顶

⑦ 砌墙铺瓦

古建筑大木结构施工工序

地下水的处理

勘察结果表明，太和殿三台基础以下有竖桩，反映出太和殿基础下有淤泥层或地下水。

埋设竖桩是古人处理软淤泥层地基的主要方式。木桩可穿透淤泥层，并使得桩尖抵达坚硬的岩石层，木桩之上再分层夯土。这样一来，就可以避免基础的不均匀沉降。虽然没有太和殿地下桩基础资料，但故宫慈宁花园东侧遗址的基础有着类似做法，可作为参考。慈宁宫基础由上到下的分层做法特点为：

灰土层与碎砖层交替向下延伸（即一层灰土一层碎砖），每层各厚0.1米，共分18层。尔后为0.16米厚青石板一层；青石板则为上部分层夯土提供一个支撑平台。再往下分别为水平桩和竖桩。在这里，竖桩支撑青石板传来的上部重量并将该重量传给坚硬的岩石层。另木桩表面刷有桐油，在水中可起到防腐作用。

桩及上部青石板

<table>
<tr><th colspan="3">运输太和殿木材的水运路线</th></tr>
<tr><th colspan="2">京杭大运河—通惠河—神木厂</th><th>桑干河—永定河—大木仓</th></tr>
<tr><td colspan="2">浙江的木材由富春江入京杭大运河，经天津入北运河，再经通惠河进入北京，再运至神木厂（神木厂距紫禁城约10公里）。</td><td rowspan="2">山西的桑干河经永定河，把木材运到北京的大木仓。</td></tr>
<tr><td>江西地区的木材通过赣江入长江；两湖的木材通过湘江与汉水入长江；四川的木材通过嘉陵江与岷江入长江。</td><td>在镇江、扬州等地交汇，经京杭大运河北上，再抵达通惠河，并进入神木厂。</td></tr>
<tr><td colspan="2">经过京杭大运河的木材产地多、材源足，因此从通州张家湾到城区崇文门的通惠河中，大量木材源源不断运入神木厂。由于木材陆续堆放，以致沿河占地很大，今广渠门外（广渠门距紫禁城约6公里）东边尚有皇木厂的地名。</td><td>大木仓有仓房3600间，保存条件良好，到明正统二年（1437），仍有库存木材38万根之多。</td></tr>
</table>

墙面贡砖

临清贡砖的烧制工序复杂，主要包括以下14个步骤。

① **选土**。选土即在窑址附近取土。临清位于鲁西平原，属于黄河冲击平原，历史上黄河的多次冲击使得临清的土呈现为一层沙土一层黏土的叠合结构，其外观如莲花瓣一样，因而又被称为“莲花土”。

② **熟土**。取土后将土堆成大土堆，经过三年的风吹日晒和水泡，并调和均匀，使之由生土变成熟土。

⑦ **制坯**。制坯就是取出一块泥，准确地摔进预先做好的木质长方形框架内，挤压泥使得框架的边角充满泥，然后用铁弓刮去表面多余的泥，以制成砖坯子。

⑧ **阴干**。制坯完成后，将砖坯子置入大棚中，并按一定间距码放，以便通风，并使之逐渐干燥。该过程一般需要半个月。

⑨ **装窑**。装窑即将砖坯装入窑中，砖坯之间有适当的间距，使得各个砖坯在烧制过程中受热均匀。一般一个窑能装3万余块坯子。

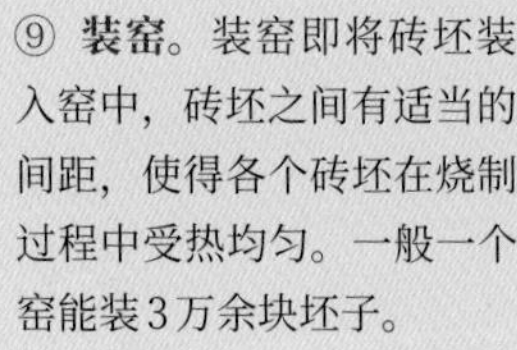

⑩ **烧窑**。即在炉膛内点火烧制砖坯。传统的烧窑材料为棉柴和豆秸，现多用煤。烧窑期间应适当调整火候，一般先小火烧两天两夜，再大火烧两天两夜，再火力稍小烧制3—4天。

以上各步骤图片来源：刘昆：《临清贡砖烧制技艺保护研究》，中国艺术研究院博士学位论文，2015年，第39-46页。

运输[①]

硕大的青砖从临清运往京师，全靠运河中由南而北上京师的官民船只带运。	其制始于洪武年间，当时京师在南京，朱元璋下令各处客船量带沿长江烧造的官砖，于工部交纳。	永乐三年（1405）规定，船每百料需带砖20块，沙砖30块。	天顺间，已建都北京，令运河中的潜船每只带城砖40块，民船依梁头大小，每梁头一尺带砖6块。	到嘉靖三年（1524）规定漕船每只带砖96块，民船每只带10块。

① 见王云：《明清临清贡砖生产及其社会影响》，《故宫博物院院刊》2006年第6期。

③ **过筛**。取出熟土，将大块的敲碎，过两遍筛子，首先是过大网眼筛，再过小网眼筛，将筛子上的杂质去掉，去掉土中的杂质，使得土质更纯。

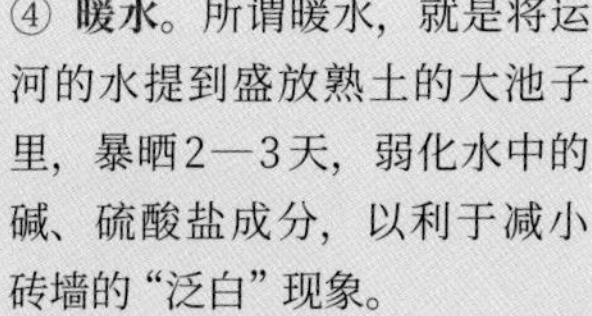

④ **暖水**。所谓暖水，就是将运河的水提到盛放熟土的大池子里，暴晒2—3天，弱化水中的碱、硫酸盐成分，以利于减小砖墙的“泛白”现象。

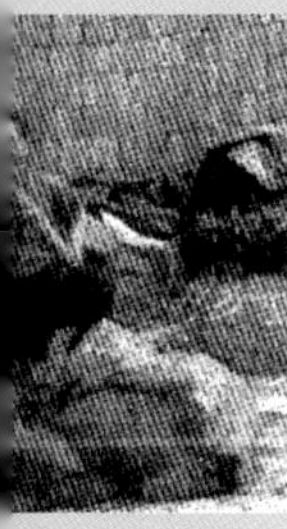

⑥ **压泥**。压泥即取出池子里所需的泥后，通过踩踏或挤压的方式，将泥中的气泡除去。现在的做法一般为用木缸反复压泥，然后用钢叉铲起一块泥，使劲拍在地上，再闷上三个小时左右，以减少泥中的气泡，增大密度。

⑤ **练泥**。练泥即从大池子里取中间层没有杂质的土。熟土在大池子里浸泡后（通常浸泡1年），轻的杂质会漂浮在水面上，重的杂质会沉入池底。工匠们会用流水冲掉部分轻的杂质，再取出中间层的土。这样，取出的土更纯、更均匀，黏性也更大。

⑪ **造烟**。所谓造烟，就是在缺氧的条件下，使充足的燃料不能充分燃烧，因而在窑炉里产生大量烟雾，并粘在砖的表面，使之成为青灰色（若完全燃烧，则砖表面为红色）。造烟的主要方法是把窑的出烟口全部堵住。

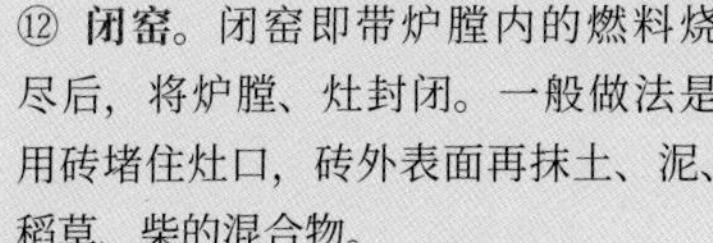

⑫ **闭窑**。闭窑即带炉膛内的燃料烧尽后，将炉膛、灶封闭。一般做法是用砖堵住灶口，砖外表面再抹土、泥、稻草、柴的混合物。

⑬ **窨水**。窨水即往窑内加水，使之快速降温的做法。其过程是把窑顶用砖盖好，用湿的土黏住砖，再在窑顶边上垒一个圈，使得窑顶像一个倒放的锅底，锅底周边砌高，使之成为环形沟，再往沟里灌水。水进入窑内，化成水蒸气，使得砖降温。

⑭ **开窑**。将窑顶的水放干，再把底下的窑门打开，取出烧好的砖。

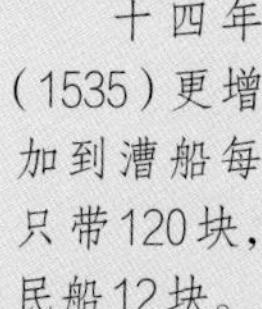

十四年（1535）更增加到漕船每只带120块，民船12块。

临清运河段

当然，临清贡砖的运送，会加重当地民夫的负担。临清砖大者每块70余斤，小者也有近60斤，漕船进京都是载粮重船，再加上几十块贡砖，每船等于又加重数百斤，撑船拉纤十分吃力。并且，官民商船派带砖料是强制性的，如有损失，还要包赔。故带运贡砖是明清政府强加在运军和商民身上的额外差役。

油饰彩画基层

对包括太和殿在内的紫禁城各个古建筑而言，如果说油饰彩画是其外衣，那么其基层可谓衣服的“内胆”。这个“内胆”被称为“地仗层”，相当于给木构件穿上一层厚厚的防护服，以避免不同因素造成的木材破坏，油饰彩画是保护古建筑木构件的主要方法，其运用具有科学性。

地仗分层示意图

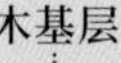

木基层

第 1 层（底层）剁斧痕

首先在木构件表面用小斧子砍出痕印，将木缝砍出八字形，其主要作用是使油灰与木构件表面的拉接。

地仗工艺之剁斧

第 2 层 桐油与猪血混合物

然后在木构件表面刷一层桐油与猪血的混合物（桐油可覆盖在木构件表面，防止潮气渗入，猪血有利于木构件被处理后表面光滑）。

第 3 层 油灰

接下来将油灰（面粉、砖灰、桐油、水的混合物）抹在木构件上，并用工具将其表面刮平（其中砖灰、面粉相当于木构件的主要保护层）。

地仗工艺之刮油灰

第 4 层 敷麻

此后将麻处理成丝线形状，并敷压在木构件表面（麻的主要作用在于拉接油灰以增强其整体性，并避免其开裂）。

地仗工艺之敷麻

第 5 层 油灰

再次上油灰、贴麻丝，使得地仗层变厚。

第 6 层 敷麻

为了保证油灰与木构件表面的充分粘接，并防止油灰层出现龟裂，有时还会在油灰层表面包裹（麻）布。

第 7 层 打磨后的地仗面层

最后用磨石将木构件表面打磨平直、圆顺，以利于在表面绘制彩画。

由此可知，正是因为“内胆”对古建筑的科学保护，才使得古建筑能够完美地展示华丽的“外衣”。

墙体施工

干摆

干摆工艺主要特点
砌筑时，先把面砖码放好，而后在其中填塞芯砖，再用灰浆灌入墙芯，以粘接各砖块。
为达到良好的粘接效果，面砖被加工成“五扒皮”形式，即砖的六个面，有五个面被砍磨加工，仅保留看面的尺寸不变，砖截面变成了梯形。 五扒皮砖
由于位于墙体内的五个面经过了砍磨，各面砖的里侧存在锲形空隙，以利于灰浆渗入，实现面砖之间、面砖与芯砖之间的可靠粘接。这种施工方法俗称为“填馅”。（“填馅”不仅满足了墙体的功能需求，而且可充分利用废料，因而具有一定的绿色环保效果。）
墙体砌筑后，要用石磨将砖与砖接缝处突出的部分磨掉，以保证墙面平整。 干摆墙面打磨资料
再用砖面灰将砖的残缺部分及砖上的砂眼填平，最后沾水将整个墙面磨一遍，并冲洗干净，以露出真砖实缝。

抹灰

墙体上身抹灰前的浇水

墙体抹灰前，首先需要冲水，使得墙体湿润，以利于灰浆与墙体基层的拉接。

墙体钉麻

然后在墙上钉麻，麻可以增强灰浆与砖基层的拉接。

墙体上身抹灰

最后是在墙体外表面抹灰。

太和殿大修前后示意图

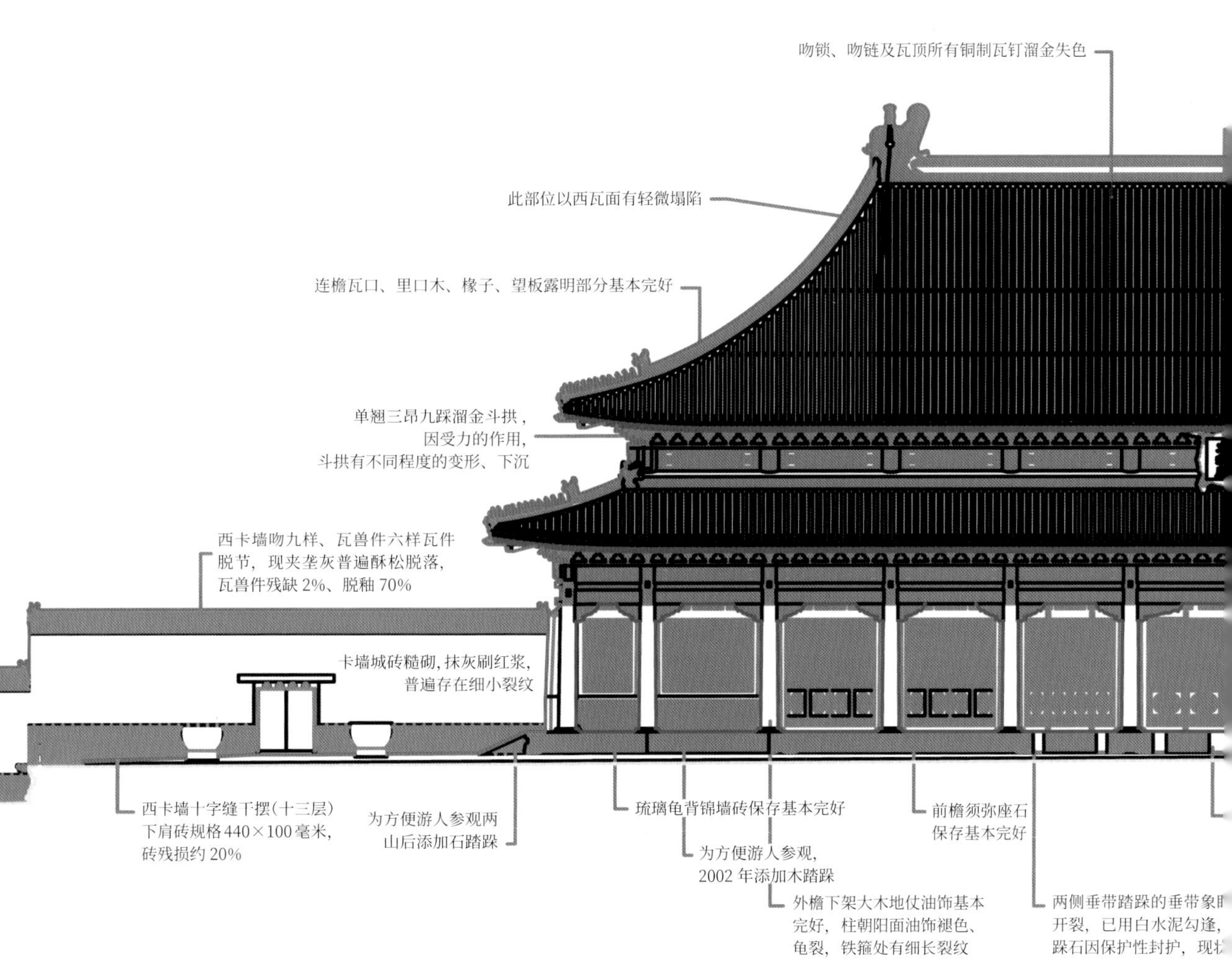

太和殿大修前建

木结构的太和殿在历史上至少被毁坏5次，我们今天看到的太

2005年，故宫博物院组织太和殿大修，古建专业人士对太和殿的建

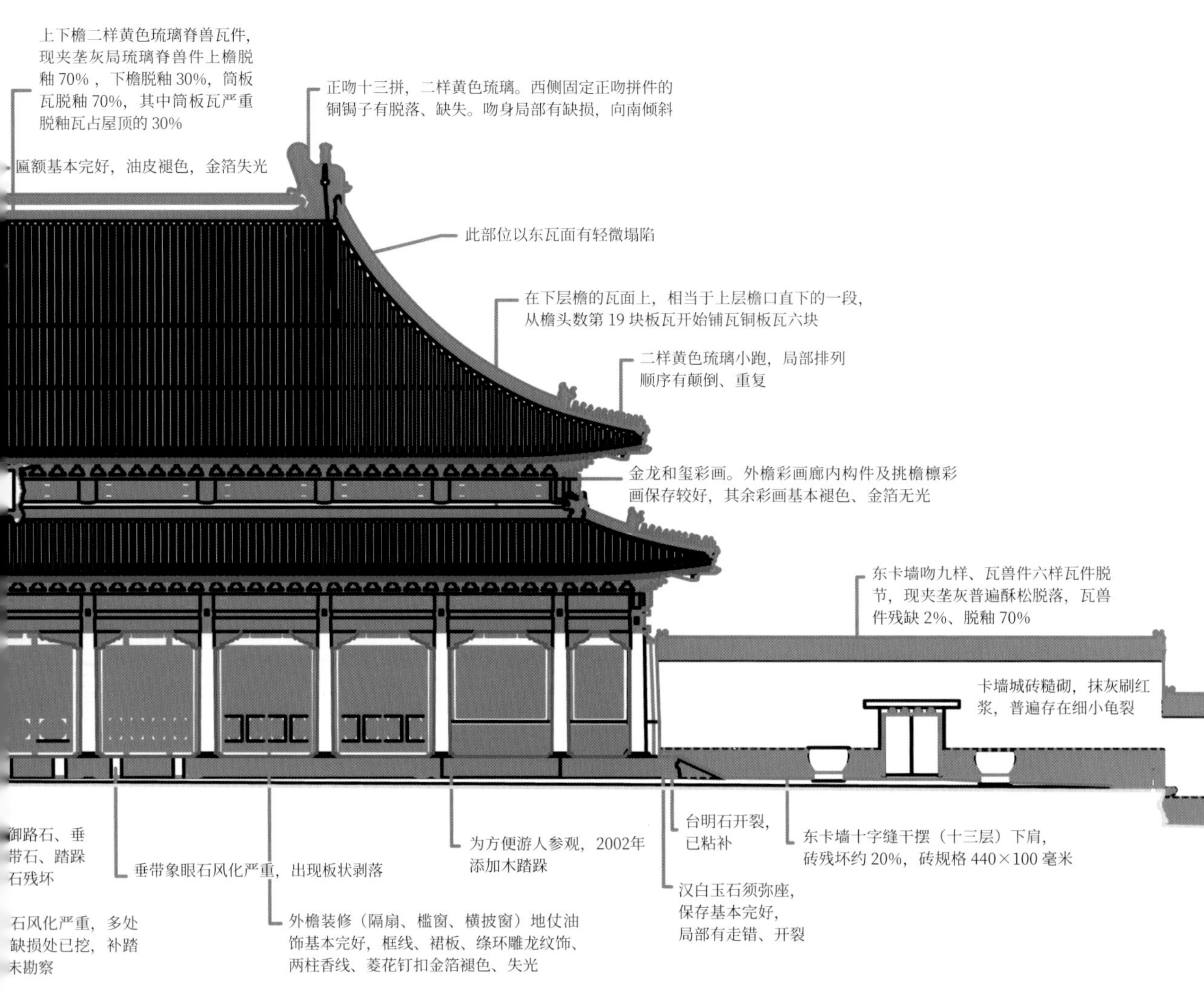

筑状况正立面图

和殿是1697年复建的。此后，又对太和殿进行了数次维护和保养。
筑状况进行了勘查，并绘制了状况图。

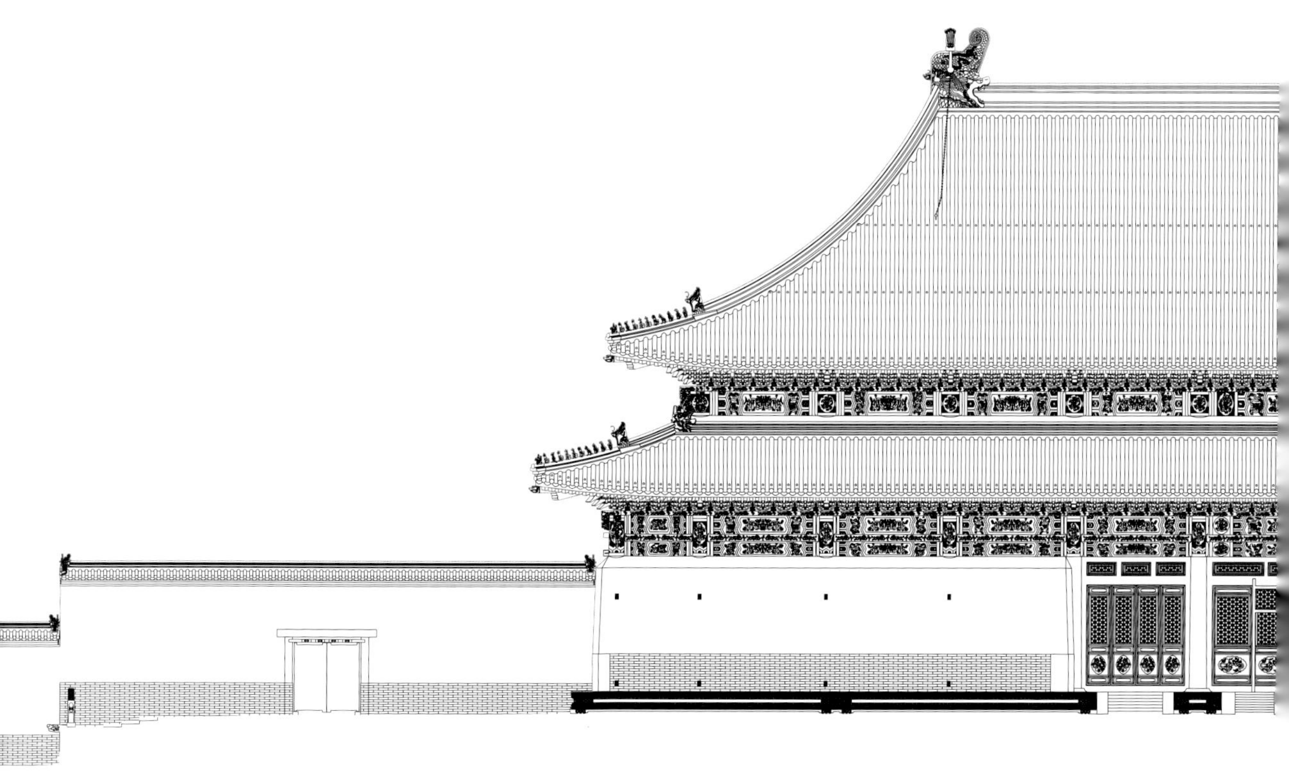

太和殿

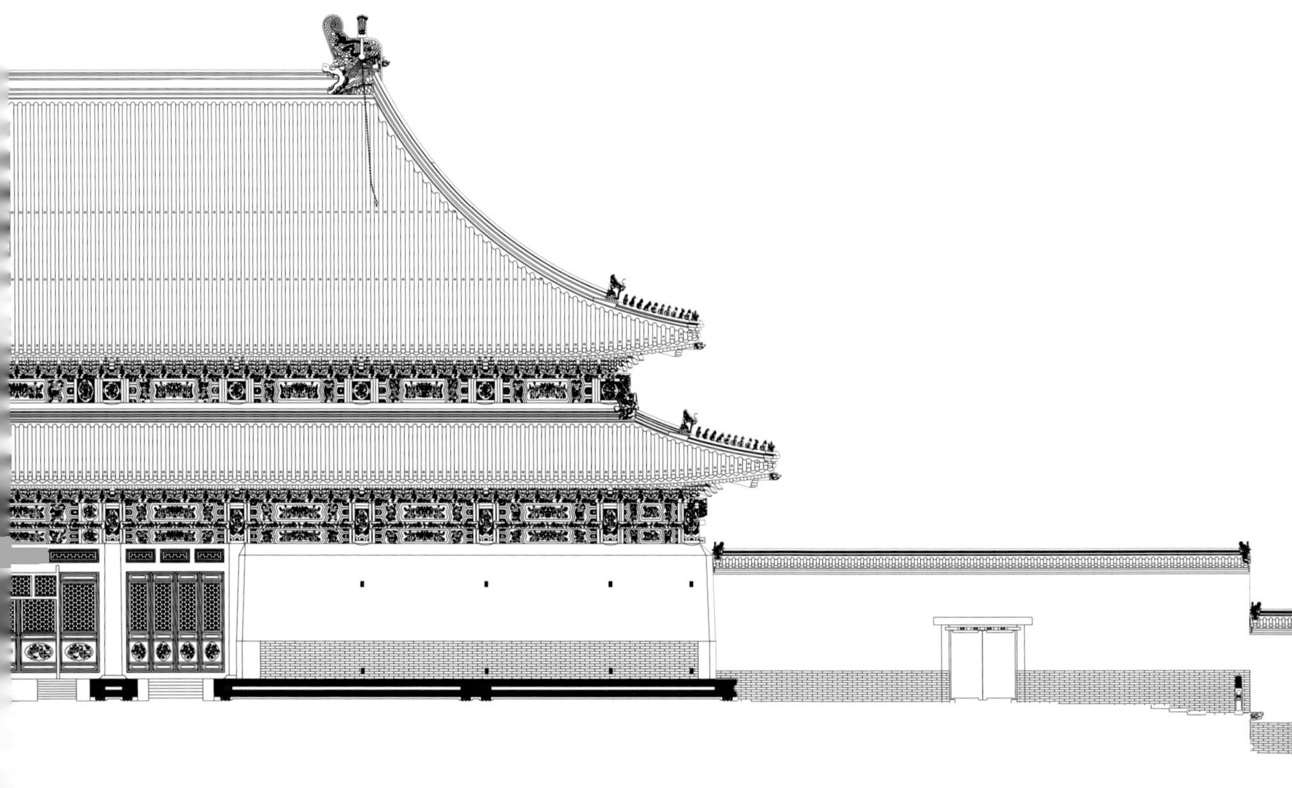

背立面

文
景

Horizon

社 科 新 知　文 艺 新 潮

太和殿

周乾　著

出 品 人：姚映然
特约编辑：李　艺
责任编辑：熊霁明
助理编辑：陈碧村
营销编辑：高晓倩

出　　品：北京世纪文景文化传播有限责任公司
（北京朝阳区东土城路8号林达大厦A座4A　100013）
出版发行：上海人民出版社
印　　刷：天津图文方嘉印刷有限公司

开 本：787mm × 1092mm　1/16
印 张：14.25　　字 数：180,000
2021年1月第1版　　2021年1月第1次印刷
定 价：128.00元
ISBN：978-7-208-16629-5 / J · 583

图书在版编目（CIP）数据

太和殿 / 周乾著. -- 上海：上海人民出版社，2020
ISBN 978-7-208-16629-5

Ⅰ. ①太… Ⅱ. ①周… Ⅲ. ①故宫－宫殿－古建筑－研究 Ⅳ. ①TU-092.48

中国版本图书馆CIP数据核字(2020)第139731号

活字派

有人文意义的美